· 智能系统与技术丛书 ·

语义解析

自然语言生成 SQL 与知识图谱问答实战

易显维 宁星星 著

Practical natural language to SQL and knowledge graph question answering

机械工业出版社
CHINA MACHINE PRESS

图书在版编目（CIP）数据

语义解析：自然语言生成 SQL 与知识图谱问答实战 / 易显维，宁星星著 .— 北京：机械工业出版社，2023.11
（智能系统与技术丛书）
ISBN 978-7-111-73689-9

I. ①语… II. ①易… ②宁… III. ①自然语言处理 IV. ① TP391

中国国家版本馆 CIP 数据核字（2023）第 153940 号

机械工业出版社（北京市百万庄大街 22 号 邮政编码 100037）
策划编辑：杨福川　　责任编辑：杨福川　孙海亮
责任校对：王荣庆　陈　越　　责任印制：常天培
北京铭成印刷有限公司印刷
2023 年 11 月第 1 版第 1 次印刷
186mm × 240mm · 13.5 印张 · 282 千字
标准书号：ISBN 978-7-111-73689-9
定价：99.00 元

电话服务
客服电话：010-88361066
010-88379833
010-68326294

网络服务
机　工　官　网：www.cmpbook.com
机　工　官　博：weibo.com/cmp1952
金　　书　　网：www.golden-book.com
机工教育服务网：www.cmpedu.com

FOREWORD

序

随着信息技术的不断发展，人们需要从自然语言中获取更多的信息，这使得语义解析技术变得越来越重要。语义解析是自然语言处理中的一个关键技术，它可以将自然语言转换成机器能理解的形式，从而实现自然语言与计算机之间的有效交互。语义解析技术的应用涵盖了智能问答、智能客服、数据分析等多个领域，是未来人工智能发展的重要方向之一。

在学术界，语义解析技术已经成为自然语言处理领域的重点研究方向之一。从最早的基于规则的方法到现在的基于深度学习的方法，学术界在语义解析技术的研究方面做出了很多重要的贡献。目前，知识图谱问答、自然语言生成 SQL 等领域都取得了一些重要的进展，这些技术的不断发展也促进了语义解析技术的不断完善。

与此同时，语义解析技术在工业界的应用也日益广泛，各种智能应用都需要语义解析技术的支持。近年来，以微软、阿里巴巴、百度等科技巨头为代表的企业也加快了在语义解析技术领域的布局和研究。随着人工智能技术的不断进步以及在金融、医疗、教育、电商等领域的不断应用，语义解析技术在工业界的应用前景也将越来越广阔。

相对于其他研究领域，语义解析技术相关的书籍却很少，本书旨在填补这一空白。本书通过对多种语义解析技术的介绍和实际原型系统的构建，帮助读者掌握语义解析技术的核心原理和实际应用方法，从而为工业实践奠定基础。本书的作者之一易显维是一位在 NLP 算法竞赛和项目研发方面有丰富实践经验的专家，他将自己多年的思考和实践融入书中，以期帮助更多的读者掌握语义解析技术的精髓。本书不仅适合自然语言处理领域的技术从业者和研究人员参考，也适合对语义解析技术感兴趣的学生和爱好者阅读。

在这个充满机遇和挑战的时代，语义解析技术的应用日益广泛。相信本书将会成为语义解析技术领域的经典之作，也将为更多探索语义解析技术的人们指出方向。

是为序。

苏海波

百分点信息科技有限公司首席算法科学家

PREFACE

前　言

SQL 是访问关系型数据库的标准语言，但需要深入了解数据库结构和 SQL 语言的语法才能编写出合适的 SQL 语句，这对非专业人士来说十分困难。语义解析技术可以帮助人们更轻松地与计算机进行交互，提高效率和准确性。语义解析是 NLP（自然语言处理）的一个重要领域，旨在将自然语言语句转换为机器可以理解的语言表示，如 SQL 查询或知识图谱查询。NL2SQL 和 KBQA 是语义解析的两个子领域，分别旨在将自然语言问题转换为 SQL 查询和知识图谱查询语句。然而，这些领域目前仍存在许多挑战，例如自然语言中的歧义性和复杂性，以及跨语言和跨文化语义解析的难度。

语义解析技术可以提高人机交互的效率和准确性，在自然语言处理、数据分析、智能客服、智能家居等领域都有广泛的应用前景。特别是在大数据时代，语义解析能够帮助企业更快速地从大量的数据中获取有用的信息，从而提高决策效率。

具体而言，一些使用语义解析技术的产品如下。

- 智能问答系统，如小米的小爱同学。
- 智能客服系统，如腾讯企点客服机器人。
- 舆情分析系统，如微博的情绪分析和新浪的热搜榜。
- 智能搜索引擎，如谷歌和百度的智能搜索引擎。
- 金融服务，如支付宝和招商银行的智能客服。

语义解析领域目前仍存在许多挑战，学术界和工业界正在研究、探索各种新方法与技术，以应对这些挑战。

为什么写这本书

最近，多个大规模语言模型在生成自然语言文本方面有着惊人的表现，而 ChatGPT 是其典型应用之一。ChatGPT 被广泛用于聊天机器人、智能问答系统等文本生成领域，因其高质量的生成文本而备受欢迎。

尽管大规模语言模型功能强大，但在语义解析方面还存在以下几个问题。

首先，由于大规模语言模型是概率模型，输出时没有与数据库内容进行比对，可能会导致输出结果存在事实性错误。

其次，大规模语言模型对复杂的数据库结构和知识图谱的图结构没有很好的建模方法，目前还没有很好的办法将复杂的图结构和表结构输入端到端的模型中。这些问题都需要进一步研究和解决。

本书则为这些问题提供了解决思路。

笔者参与过结构化数据挖掘、OCR、NL2SQL、KBQA、文本校对等技术的实践，多次参加算法竞赛并获奖，积累了丰富的经验和方法。这些经历让笔者深刻认识到，技术在现代社会中发挥着越来越重要的作用，而技术的发展需要有更多的人才来支撑。因此，笔者萌生了写一本书的想法，希望通过书籍的形式将自己沉淀的方法论传播出去，影响更多的同行和学生，也让更多非计算机专业的读者在职业生涯上有更多的选择。

笔者希望书中的内容能够促进读者在技术领域不断探索和创新，让“木叶飞舞之处，火亦生生不息”成为现实。

如何阅读本书

本书共 11 章，系统介绍了语义解析的基础知识、主流技术以及工程实践。

第 1 章重点介绍智能问答中的语义解析技术及其应用场景。通过学习本章，读者可以掌握语义解析的基本概念、分类、常见技术及其优缺点，以及智能问答系统在不同领域的应用和市场前景。

第 2 章介绍机器翻译技术在语义解析方面的应用，详细讲解如何通过机器翻译来完成智能问答中的 NL2SQL 任务，并重点介绍生成模型 T5 在 NL2SQL 任务中的重要应用。通过学习本章，读者可以掌握 T5 模型的基本原理和优缺点、应用场景以及 T5 模型的性能优化。

第 3 章介绍模板填充法，重点介绍颇具代表性的基于 X-SQL 模型的方法的基本原理及在语义解析中的应用、技术细节与适用场景。

第 4 章介绍如何通过强化学习来解决 NL2SQL 任务中的问题，为 NL2SQL 任务的解决方案提供一种创新的思路。通过学习本章，读者可以深入了解强化学习在自然语言处理中的应用，以及如何合理地设计强化学习目标来完成 NL2SQL 任务。

第 5 章介绍 GNN 在 NL2SQL 任务中的应用，帮助读者深入理解如何更好地表征数据库表的语义。

第 6 章详细介绍如何通过构建“中间表达”来解决 NL2SQL 任务中的 Mismatch 难题，同时介绍难题的成因与影响。

第 7 章通过设计无嵌套的简单 SQL 查询的完整示例，逐步讲解 NL2SQL 任务的各个环节和难点，以及如何评估语义解析模型的性能和效果。

第 8 章深入探讨复杂场景下的 NL2SQL 任务，读者将能够掌握复杂场景下的语义解析模型设计和优化策略，以及如何评估和改进相应模型的性能与效果。

第 9 章介绍基于知识图谱问答（KBQA）的语义解析方法，即 NL2SPARQL 方法。通过学习本章，读者将了解 NL2SPARQL 方法的基本原理和技术细节，掌握如何将自然语言转换为 SPARQL 语言。

第 10 章介绍表格预训练方案的应用场景、技术细节和优缺点。

第 11 章介绍语义解析技术的落地思考以及百度 AI 语义解析大赛的获奖技术方案。通过本章的学习，读者可以了解语义解析技术在实际应用中的难点和挑战。

勘误和支持

由于计算机科学发展迅速，方法不断改进，加上人们对事物的认知也在持续提升，书中难免存在疏漏和错误。笔者的邮箱是 necther@ qq. com，希望广大读者不吝赐教，也欢迎读者对书中提出的技术问题给出自己的答案。

致谢

本书由易显维和宁星星共同编写完成。在本书的编写过程中，我们得到了许多专家和朋友的帮助，他们是：镇诗奇、邓良聪、林志墅、章涵艺、黎志扬、李潜、肖伟崎、桂安春、王睿捷和徐骁飞。他们的建议和意见使我们能不断地完善本书的内容。

本书在编写过程中参考了大量的相关论文和优秀实践。在此，感谢所有为语义解析技术的发展和应用做出贡献的人，正是因为他们的努力，才能让语义解析技术不断发展和进步。

家庭的爱与包容让我们能够毫无后顾之忧地完成本书的编写，在此，对家人表示最真诚的感谢，感谢他们一直以来的支持和陪伴。

易显维

CONTENTS

目 录

CHAPTER1

第1章 NL2SQL和KBQA中的语义解析技术

语义解析技术是智能问答实现过程中的一个重要解决方案，也是本书所要介绍的主要技术。在智能问答场景中语义解析技术将自然语言（问题）转化为机器可以理解的结构化查询语言，并在数据库和知识图谱中进行查询以得到正确答案。本章将以一个具体的案例来展示语义解析的使用场景，在讲解过程中，会体现企业在使用语义解析时常遇到的难点和主流的解决方案。

1.1 人机交互应用与语义解析难点分析

当今计算机已经渗透到人们工作和生活的方方面面。各行各业的人每一天都会接触到大量的计算机系统，小到穿戴设备，大到所乘坐的交通工具。计算机的功能越来越丰富，人们对计算机的需求范围也在不断扩大。随之而来的是计算机自身的复杂度和多样化程度越来越高，计算机的操作难度也逐渐增大，这样就需要更先进的人机交互技术。当前计算机的操作方式主要有以下两种。

1）命令行交互：命令行交互是一种通过命令行界面与计算机进行交互的方式。在命令行界面中，用户可以输入各种命令，从而控制计算机完成相应的操作。

命令行交互的优点在于，它可以让用户更加自由地控制计算机，不依赖于图形用户界面，而且可以更快速地完成一些操作。此外，使用命令行界面还可以在服务器等远程计算机上进行操作，而无须在远程计算机上安装图形界面。不过，命令行界面也有其缺点，例如需要记忆各种指令和参数，学习曲线较陡峭等。

2）图形界面交互：图形用户界面（Graphical User Interface，GUI）是一种用户与计算机交互的方式。与命令行交互不同，GUI使用图形化的界面，通过鼠标、键盘等输入设备进行交互。用户可以通过点击图标、按钮、菜单等元素来完成各种操作，如打开应用程序、管理文件等。

GUI具有易用性、直观性和用户友好性等优点，但往往需要更多的硬件和软件资源，并且开发成本也更高。

可以说，图形界面交互是取代命令行交互在人机交互技术领域的一次巨大飞跃。但是随着业务应用的发展和用户对交互操作便捷性与效率要求的进一步提高，图形化也面临很多应用难点。下面以蚂蚁集团支小宝项目为例进行介绍。

支小宝 App 的主要功能是为用户提供金融理财方面的信息咨询服务。在服务过程中，用户希望支小宝能从数据库中检索到相关数据，以回答自己关于金融理财方面的问题。这里就涉及复杂的人机交互。

图 1-1 是支小宝使用示例。根据线上用户的真实提问数据，人机交互的需求主要有单/多条件查询、排序、聚合、比较、嵌套等复杂操作，如图 1-1 所示。

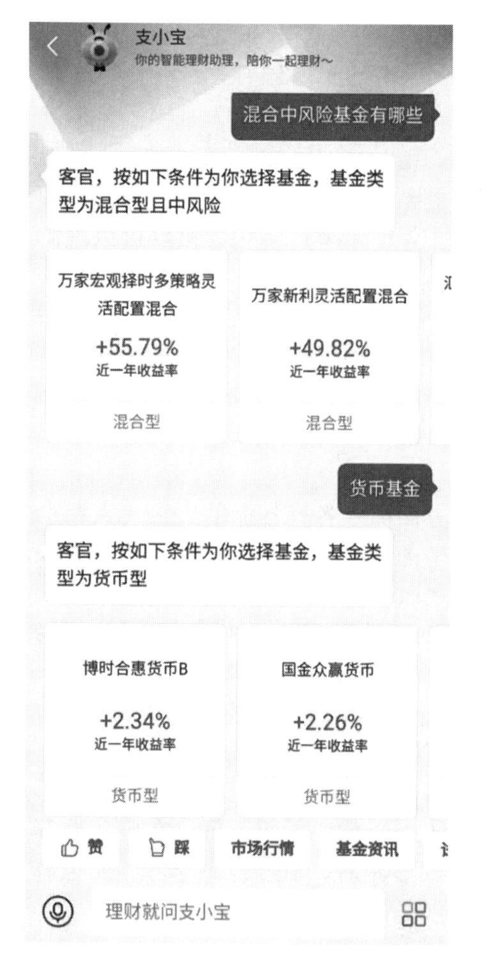

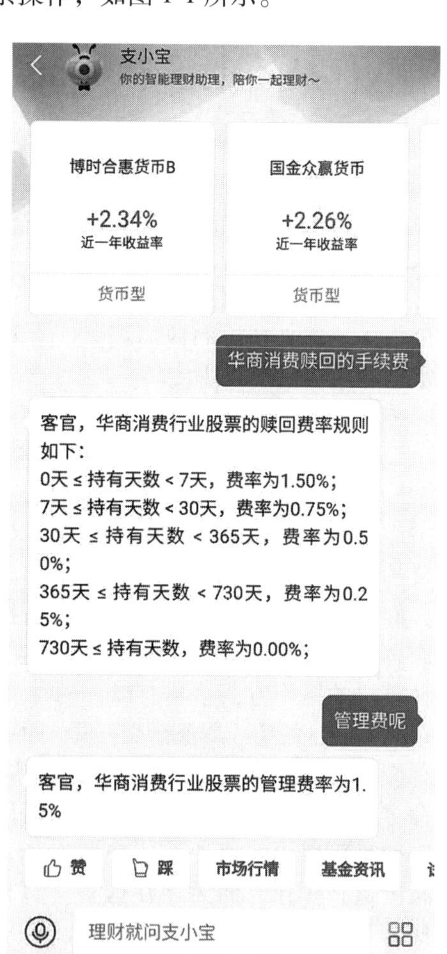

图 1-1　支小宝使用示例

如果按照传统的图形界面进行人机交互，我们需要根据不同的查询类型和过滤条件制作图形界面，例如在界面中添加一个下拉列表框，将基金类型为“混合中风险”的所有基金列出来，如图 1-2 所示。

但是用户在该应用中可能要用到的过滤条件与组合非常多，用户每一次查询自己想要的信息就要找到对应的列表项，过程会非常烦琐。尤其对手机 App 这类屏幕比较小的交互应用来说，该功能会因为需要在屏幕上显示大量的可操作控件而基本不能落地。

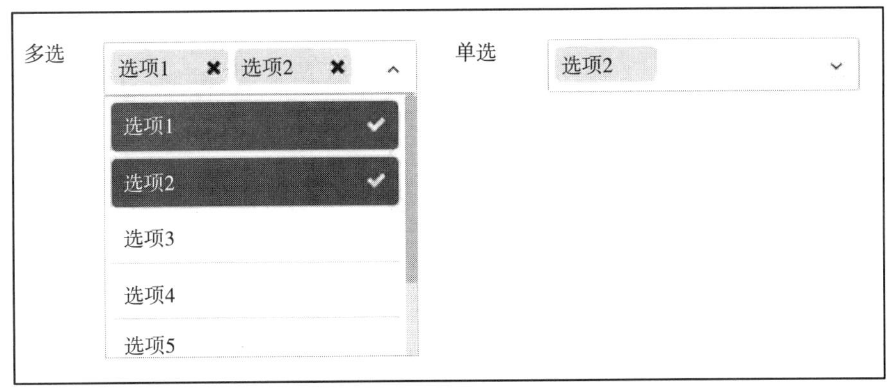

图 1-2　过滤条件的选项框

为了解决图形界面交互在该类场景中效率低的问题，基于自然语言理解的语义解析技术应运而生，即用户可直接使用人类自然语言和计算机系统进行交互。

语义解析技术是实现自然语言理解的关键技术之一，旨在将自然语言转换为计算机可以理解的形式化语义表示。准确来说，所有将自然语言句子转化成计算机可识别的、可计算的、完全的语义表示的技术，如各种编程语言、Lambda 表达式、SQL 语句、语义图等都属于语义解析技术的研究范畴。语义解析的任务目标如图 1-3 所示。

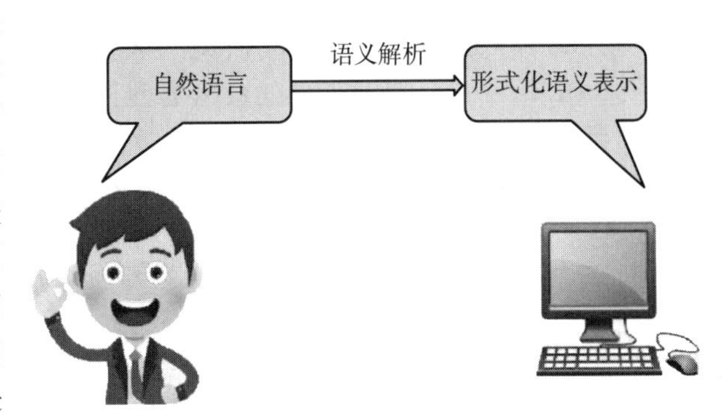

图 1-3　语义解析的任务目标

应用在问答系统上的语义解析技术主要包括 NL2SQL 技术和知识图谱问答（KBQA）中的 NL2SPARQL 技术，它们的区别是：NL2SQL 技术应用在表格问答系统上，回答问题的信息来源于表格；而 NL2SPARQL 技术应用在知识图谱问答系统上，通过 SPARQL 语言从知识图谱中查询到答案。其实知识图谱问答主要有两个实现的技术路线，分别是信息检索和语义解析，其中语义解析部分主要由 NL2SPARQL 技术组成。由于本书的内容是讲解语义解析技术在 NL2SQL 和 KBQA 中的应用，所以后文介绍的技术路线不包括 KBQA 中信息检索的部分，在介绍 KBQA 任务的技术路线时将以 NL2SPARQL 技术为主。

虽然 NL2SQL 在企业问答系统中有大量的应用，但仍然存在大量的问题需要解决，例如 NL2SQL 的 SQL 结构难以预测、SQL 关联难以预测、数据稀疏问题以及列之间的操作关系难以预测等。

（1）SQL 的结构难以预测

该问题主要体现在 SQL 的语法为树形结构，但是深度学习模型的输出为矩阵结构上，两者难以建立一种映射关系。例如，SQL 语句可能有多层嵌套，每一层嵌套含有不同的语法现象。

查询：有哪些公司收购或并购过其他公司？

对应的SQL语句如下：

```
(select T1. 公司 id from 收购的公司 as T1) union (select T3. 公司 id from 并购的公司 as T3)
```

该SQL语句的执行流程如图1-4所示。

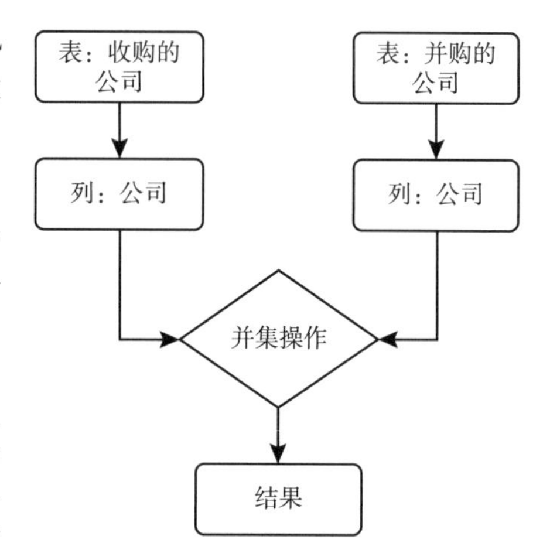

图1-4　求并集操作

在图1-4所示的树形结构中，如果前面的SQL子句更为复杂，树还会加深，此时模型的输出就没有很好的表达方式。

（2）SQL关联难以预测

查询：在排名公司各品牌收入的利润占比时，给出前3名对应的品牌的名称以及公司各品牌收入排名的营收占比。

对应的SQL语句如下：

```
select T0.名称, T1.名称, T3.营收占比 from 品牌 as T1
join 公司各品牌收入排名 as T3 join 公司 as T0 on 品牌.所
属公司 id == 公司.词条 id and 公司各品牌收入排名.公司 id ==
公司.词条 id and 公司各品牌收入排名.品牌 id == 品牌.词条
id order by T3.利润占比 desc limit 3;
```

上述SQL语句中有多个关联列，我们需要预测多个列之间的关联关系。在上文所说的数据集中，只有外键关联才能作为关联列。实际上根据SQL语法，只要两个列的数据类型相同就是可以关联的。假设有两个表，各有10个列，就存在10×10=100种关联关系。关联关系还分左连接和右连接，这样关联方式就更多了，在预测的输出矩阵上不能很好地表示这种关联关系。

（3）数据稀疏问题

问题中所提到的列只占表结构中很少的部分，就我经历过的项目而言，一个表有几十上百列的情况并不少见，此时建模NL2SQL就会操作不了大部分的列。同时SQL中的语法类型较多，在数据集中会存在某一类语法的样本数占比较少，从而导致模型很难训练。例如，我们统计了百度语义解析竞赛中的语法分布，如图1-5所示。

id	pattern	number
0	单一查询没有嵌套	14 922
1	value 嵌套主语句	1852
2	value 嵌套子语句	
3	from 嵌套主语句	1079
4	from 嵌套子语句前面部分	
5	from 嵌套子语句后面部分	
6	except 嵌套前子句	334
7	except 嵌套后子句	
8	union 嵌套前子句	300
9	union 嵌套后子句	
10	intersect 嵌套前子句	115
11	intersect 嵌套后子句	
总计12个子模型		18 602条

图1-5　百度语义解析竞赛中的语法分布统计

从图1-5可以看到，intersect嵌套类型的SQL语句占比较少，这意味着相比value嵌套，模型较难学会intersect嵌套的语法现象。

（4）列之间的操作关系难以预测

SQL语法允许对列进行操作，但该操

作较为复杂，来看一个示例。

查询：哪些城市平均每平方米部署的体育馆小于 0.03 个？给出这些城市所属的省份和实际体育馆分布密度。

```
select 名称，体育馆数量 / 占地面积，所属省份 from 城市 where 体育馆数量 / 占地面积 < 0.03
```

在这个查询语句中，首先模型难以理解平均每平方米的体育馆是不是体育馆数量除以占地面积，这需要模型具备相关的先验知识。其次，多个列之间的操作在序列模型中很难输出，理由同样是列之间的关联关系难以预测。而主流的语义解析技术，为上述问题提供了较好的解决方案。

1.2　主流的语义解析技术

1.1 节以图的形式展示了语义解析的主要工作内容和流程，本节介绍主流的语义解析技术，即如何将自然语言转换成 SQL 和 SPARQL 等形式化语言。下面将基于时间线分别介绍深度学习时代前后的语义解析技术（以 NL2SQL 为例）。

1.2.1　NL2SQL 任务及方法

NL2SQL（Natural Language to SQL），也叫 Text2SQL。简单来说，NL2SQL 的任务就是在给定数据库（Context）的情况下，将用户的自然语言查询语句转化为可执行的 SQL 语句。这个任务在 NLP 领域中属于语义解析（Semantic Parsing）范畴。本小节将根据数据库中表的数量以及数据领域等维度对 NL2SQL 任务进行分类，介绍 NL2SQL 任务中的一些重要节点和前沿进展，并且结合当前工业界的一些产品，介绍 NL2SQL 技术的相关应用情况。

1. NL2SQL 的任务

首先我们以一个简单的 SQL 查询场景为例，向大家直观地展示 NL2SQL 的任务。表 1-1 是会员信息表，表中内容包括会员属性的常见字段，如姓名（Name）、性别（Sex）、所在城市（City）、身高（Height）。用户想要从表中查询和获取相关会员的多种信息。

表 1-1　会员信息表

Name	Sex	City	Height
Alina	female	Wuhan	175
Yvonne	female	Wuhan	170
Cicero	male	Beijing	180
Charlie	male	Beijing	185

针对上面的会员信息表，用户可以使用如下自然语言查询语句。

问题：北京男会员的平均身高是多少？

NL2SQL 系统需要能够理解上述问句的含义，并结合给定数据库（即上面的会员信息表）将上面的问句转换成如下 SQL 查询语句：

```
select avg (Height) from Member_information_table where City="Beijing" and Sex="male";
```

根据 SQL 执行结果将适当的信息返回给用户，这就是 NL2SQL 系统所要完成的主体任务。

2. NL2SQL 分类

接下来从表格数量、数据领域、对话轮数几个维度来对 NL2SQL 任务进行分类。按照数据库中表的数量，NL2SQL 可以分为单表 NL2SQL 和跨表 NL2SQL。

1）单表 NL2SQL：数据库中只包含一张表（单表数据库）。

2）跨表 NL2SQL：数据库中包含多张表。

目前很多表格问答（比如 WikiSQL）任务属于单表 NL2SQL 任务，比较简单。而跨表 NL2SQL 任务由于涉及多张表的复杂信息，并且需要考虑表的主外键连接，因此仍然是待攻克的前沿难题。

表 1-1 所展示的示例只涉及一张表，很明显属于单表 NL2SQL 任务。我们以其为基础，通过扩展得到表 1-2 和表 1-3 所示的跨表 NL2SQL 任务示例。

表 1-2　跨表 NL2SQL 任务示例（会员消费表）

member_id	expenditure
001	20
002	30
003	40
004	50

表 1-3　跨表 NL2SQL 任务示例（会员信息表）

member_id	Name	Sex	City	Height
001	Alina	female	Wuhan	175
002	Yvonne	female	Wuhan	170
003	Cicero	male	Beijing	180
004	Charlie	male	Beijing	185

在上述跨表 NL2SQL 任务场景里，除了开始的会员信息表以外，还增加了会员消费表，两张表之间通过会员编号（member_id）列进行主外键连接。如果用户用自然语言查询“北京男会员的平均消费情况”，则该查询请求将涉及两张表的联合查询，情况会比单表查询复杂一些。这对 NL2SQL 系统的跨表语义理解能力提出了挑战。相比单张表，多张表涉及的信息量更大，各表之间的字段可能存在表述相似的情形，如何提升模型处理更大量表格信息的能力，以及从众多相似字段中更精准地识别目标字段的能力，是跨表 NL2SQL 技术需要解决的问题。

按照数据领域可以分为单域 NL2SQL 和跨域 NL2SQL。

1）单域 NL2SQL：系统只能应用于单个领域，无法有效处理不同领域的数据。

2）跨域 NL2SQL：系统可以处理不同领域的数据，例如 NL2SQL 系统可以将电网领域的数据训练的模型有效地迁移到人力资源领域。

相比单域 NL2SQL 系统，跨域 NL2SQL 系统的搭建具有不小的难度和挑战。在不同的领域场景中，用户的自然语言表述风格会有很大的不同。例如：

问题 1：北京男会员平均花了多少钱？

问题 2：湖北省有多大？

在 NL2SQL 系统中，为了适应不同领域、不同语言的表达风格和内容，模型需要学习用户自然语言问句中的常见“模式”，即问法、风格、常见指代等，这就需要大量领域内的标注数据集来让模型学习这些“模式”。例如在上述两个问题中，用户的自然语言查询语句中提及的列名（字段）并没有出现在数据库中。其实上述两个问题分别要查询的是“消费金额”和“占地面积”。这就要求我们的系统具备众多不同的领域知识，才能在迁移至新的领域时不至于出现“理解”偏差。而寄希望于模型兼顾所有领域的知识，这其实是一件非常难以应对的挑战。

按照交互方式可以分为单轮 NL2SQL 与多轮 NL2SQL。

1）单轮 NL2SQL 系统：比如“一问一答”交互方式，用户和系统的交互只有一轮。

2）多轮 NL2SQL 系统：比如“对话式”交互方式，用户和系统的交互不止一个问题，存在多轮交互，并且可能多个问题之间存在相互关联的上下文信息。

多轮 NL2SQL 系统与单轮 NL2SQL 系统的主要区别是在理解当前查询的基础上，系统对历史查询能够有较合理的“回溯”，利用历史信息辅助当前信息给出更精准的回答。

图 1-6 所示为一个多轮 NL2SQL 系统的基本演示。可以直观地看到，对于用户给出的查询“那看看他们的消费能力吧。”，系统必须结合前一次的查询结果，才能够将“他们”准确地对应到“2315 个客户”，从而完成正确的推理和精准的展示。

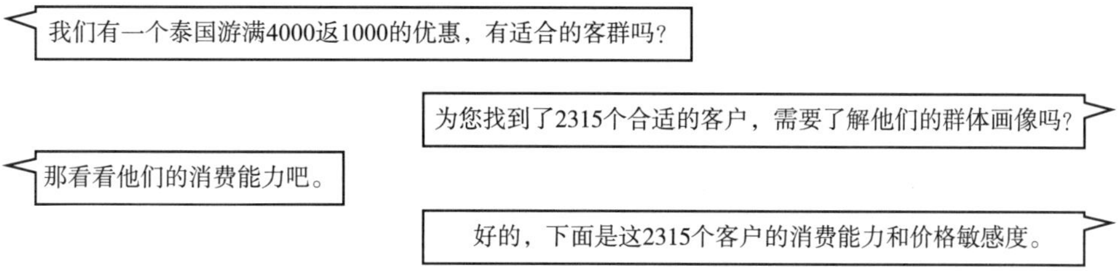

我们有一个泰国游满4000返1000的优惠，有适合的客群吗？

为您找到了2315个合适的客户，需要了解他们的群体画像吗？

那看看他们的消费能力吧。

好的，下面是这2315个客户的消费能力和价格敏感度。

图 1-6　多轮 NL2SQL 系统演示

3. NL2SQL 领域的经典算法

NL2SQL 作为前沿领域任务，它的发展也会带来与之相关的数据竞赛的蓬勃发展。在各个领域的数据竞赛中，SOTA（State-Of-The-Art）算法模型一般代表着该领域最先进的算法解决方案。因此，下面通过介绍 NL2SQL 相关竞赛中的 SOTA 方案来展现 NL2SQL 领域的前沿进展。

（1）X-SQL

X-SQL 模型来自 WikiSQL 数据集的历史 SOTA 解决方案，作者为微软团队的开发者。

该算法是一个限定于单表 NL2SQL 任务的模型架构，推出后随即成了众多单表 NL2SQL 数据集上的流行解决方案，因此十分具有代表性。

WikiSQL 中的 SQL 查询语句形式较为简单，因此可以较容易地尝试将 SQL 语句的不同部分采用多任务（Multi-Task）的方式进行分别“预测”。X-SQL 的模型框架如图 1-7 所示。

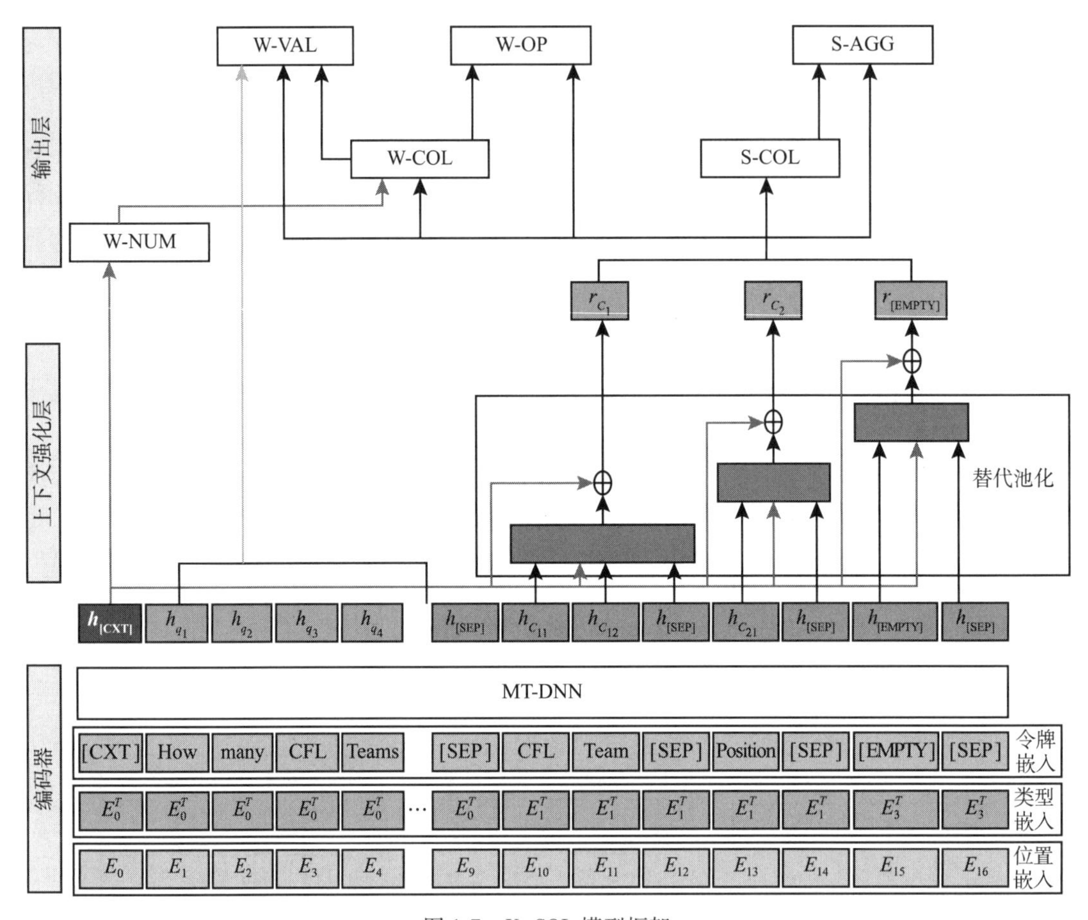

图 1-7　X-SQL 模型框架

X-SQL 模型主要由 3 部分组成：用于输入文本编码的编码器层（Encoder Layer）、基于结构化信息的上下文强化层（Context Reinforcing Layer）和输出层（Output Layer）。

编码器层采用了 MT-DNN 作为编码器，输入为自然语言问句与结构信息的拼接，其中结构信息的构造形式为“特殊 Token（例如［SEP］）分割的数据库中的表和列字段组成的文本字符串”，输入样例如图 1-8 所示。由于 X-SQL 的设计是针对 WikiSQL 这类单表特点的数据集，因此这样的拼接一般能对数据库中的表进行完全覆盖。

图 1-8　X-SQL 模型输入样例

在图 1-8 所示的输入样例中，［CLS］、［SEP］、TEXT 和 REAL 为特殊词元（Token）。其中［CLS］和［SEP］分别表示“分类”Token 和“分隔”Token；TEXT 和 REAL 表示列名字段的数据类型。

上下文强化层的作用是对输入表字符串进行上下文相关的编码表征，具体的做法是将模型输入的［CLS］特征向量与经过矩阵运算“聚合”后的列名向量进行叠加，得到最终用于分类的特征向量。

输出层是 X-SQL 模型的最关键组件，它的做法是将 SQL 语句的生成转化为若干个分类器，通过优化各个子分类器来完成 NL2SQL 的任务。具体来说，X-SQL 构建了若干个分类器，分别完成列名的选取、聚合操作的选择、条件符号的选择等任务，将用于分割列名的特殊 Token（［SEP］）以及句子表征 Token（［CLS］）作为子模型的输入，通过多任务的联合优化完成 SQL 语句的生成任务。

X-SQL 模型是众多将 NL2SQL 任务改造成分类任务的工作代表，并且在单表数据集上取得了突破性的提升。当然，对 X-SQL 的改进工作一直在进行，例如可以将编码器层里的 MT-DNN 替换为当前主流大型预训练模型（BERT、Roberta、XLNet 等），以增强底层的文本特征抽取能力，构造更适合的多任务学习框架等，甚至增加用于嵌套结构预测的子模型来完成复杂 SQL 查询生成任务。

（2）SeaD

SeaD 模型也是 WikiSQL 数据集上表现较好的一个解决方案。模型来自蚂蚁金服算法团队，算法框架如图 1-9 所示。

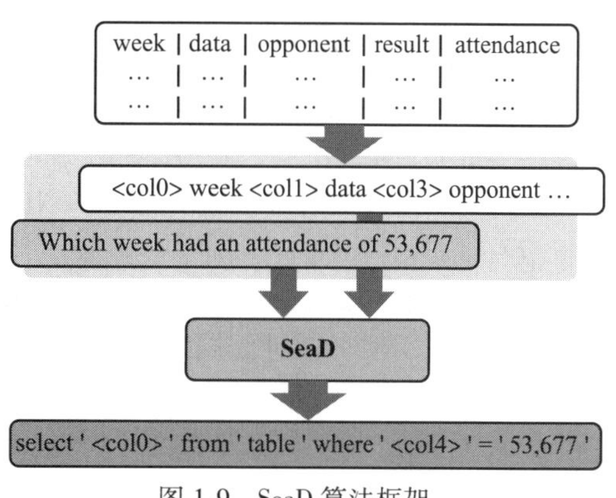

图 1-9　SeaD 算法框架

SeaD 模型是一种端到端的编码器-解码器（Encoder-Decoder）翻译模型。通过构造融合了自然语言问句和数据库信息的文本输入，以及优化一个 Seq2Seq 的目标函数，利用该目标函数完成自然语言问句到 SQL 查询语句的生成任务。

在模型输入端，和 X-SQL 模型类似，SeaD 构造的输入形式也是“自然语言问句与列名的拼接”，二者的主要区别在于：SeaD 将具体的列名通过构建的映射表进行了映射，因此输入中不再出现具体的列名字段，而是用表征列名的特殊 Token 来代替列名字段。

同样，在输出端，翻译模型的输出中也不包含真实的列名，而是需要通过转译的列名来映射 Token。在完成翻译模型的输出后，需要再次通过映射表来生成最终的 SQL 查询语句。

根据作者的描述以及我们对模型成果的复现，可以总结出关于 SeaD 解决方案的以下几个要点。

- ❑ Seq2Seq 翻译架构简洁、高效，比较适合简单的单表 NL2SQL 任务。
- ❑ 列名映射表降低了翻译模型的拟合复杂度。
- ❑ 适当的数据增强（列名增删改、Text 和 SQL 的实体顺序打乱）对于翻译模型的效果提升显著。

（3）IRNet

IRNet 是一种基于“中间表达”的面向“复杂有嵌套 SQL 查询”的 NL2SQL 任务解决方案。“复杂有嵌套”的 NL2SQL 数据集代表有 Spider 数据集、CSpider 数据集、DuSQL 数据集等。它们的特点是 SQL 查询语句通常为包含多个“子查询语句”以及条件语句的复杂结构。由于单表（X-SQL、SeaD 等）的架构设计上的种种限制，无法直接应用这类数据集。因此，需要一种新的架构来适应这类数据集的复杂数据形式。

IRNet 与 X-SQL 均出自 MSRA（微软亚洲研究院）的团队。IRNet 模型架构如图 1-10 所示。

IRNet 可以解决“复杂有嵌套”SQL 查询的生成难题，其关键是 SemQL——中间表达语言。SemQL 是连接自然语言和 SQL 查询语句的一个重要角色，它巧妙地构建了一座自然语言到 SQL 结构化语言的沟通桥梁。SemQL 的语法结构设计在样例中可以直观体现，如图 1-11 所示。

对于样例中的自然语言输入，IRNet 并不是直接生成相应的 SQL 查询语句（见图 1-11a），而是根据特定的语法规则，构建一种抽象语法树（见图 1-11b）。在编解码过程中，以列名为根节点，根据语法树进行特定规则的“分裂”（树的构建），从而将 NL2SQL 任务转化为规则序列的构建过程。具体的构建过程将在第 6 章详细讲解。

IRNet 的贡献可以表述为：通过构建“中间表达 SemQL”结构，先预测 SQL 骨架，再预测 SQL 实体，实现针对“复杂有嵌套”NL2SQL 任务的由粗到细的过程。

（4）RATSQL

RATSQL 也是针对“复杂有嵌套”NL2SQL 任务的，仍然来自微软算法团队。它的主要贡献有三点。

1）更合理的模式链接（Schema Linking）。

2）基于 GNN（图神经网络）的 Schema Graph（模式图）信息嵌入。

3）基于 A 和 B 设计的 Relation-Aware-Transformer 模型。

模式链接是一种将自然语言问句中的词元与 Schema 中的表名和列名进行“匹配对齐”的操作。Schema Graph 信息嵌入指的是将数据库中具有主外键关联的不同表，以表名和列名作为节点构建图的连接形式，并通过 GNN 进行表示，之后嵌入到模型的输入表征中。

RATSQL 利用图神经网络强大的表征能力构建 Relation-Aware-Transformer 模型，深度融合了不同表之间的连接关系，同时在解码过程中，采用了树形解码（Tree-Structure-Decoding）来生成 SQL 对应的抽象语法树（Abstract-Syntax-Tree，AST），在传统 LSTM（长短期记忆网络）的序列建模能力基础上，引入了与当前节点相关的节点历史解码信息进行增强，在“复杂有嵌套”NL2SQL 任务上取得了较为优异的成绩。

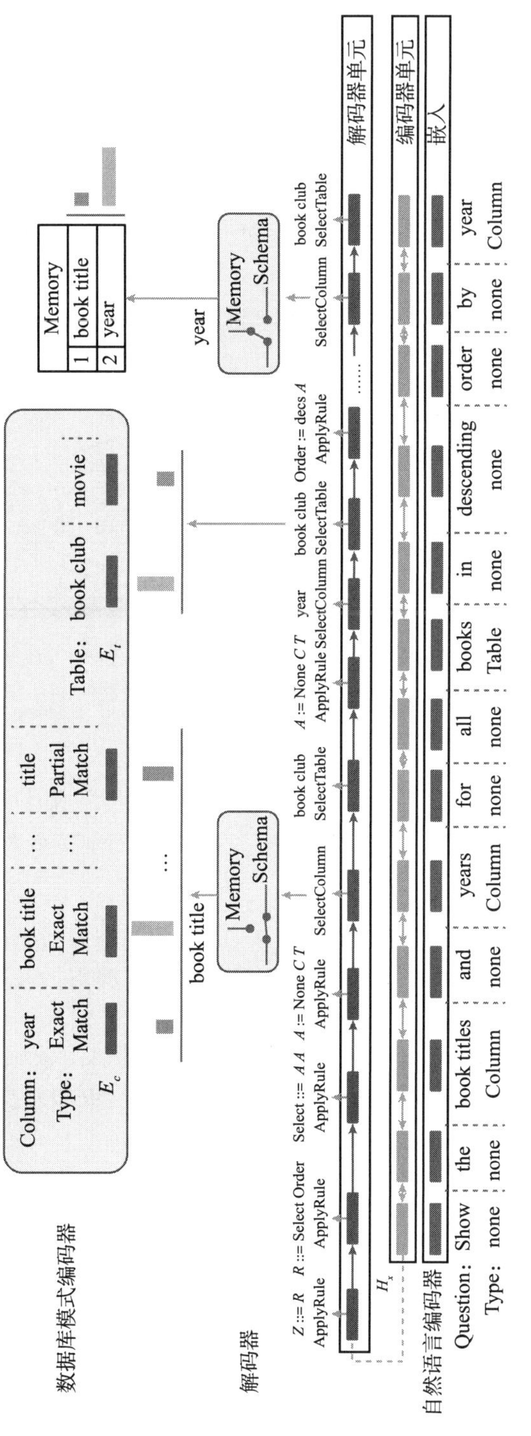

图 1-10 IRNet 模型架构图

NL2SQL 技术路线的发展演进，可以以深度学习技术的兴起作为节点或者分界线进行总结和划分。深度学习技术的引入，使得 NL2SQL 技术路线能够更有效地利用数据库的 Schema 信息以及大规模预训练模型的知识表征能力，从而让 NL2SQL 技术的落地实现成为可能。深度学习兴起之前，系统大多基于规则实现，与数据库的 Schema 无关联，采用模板+简单统计分析模型；深度学习兴起之后，出现端到端的深度学习系统，采用大规模预训练模型。

```
NL:Show the names of students who have a grade
   higher than 5 and have at least 2 friends.
SQL:select T1.name
   from friend as T1 join highschooler as T2
   on T1.student id = T2.id where T2.grade > 5
   group by T1.student id having count(*) >= 2
```

a）自然语言问句和对应的 SQL

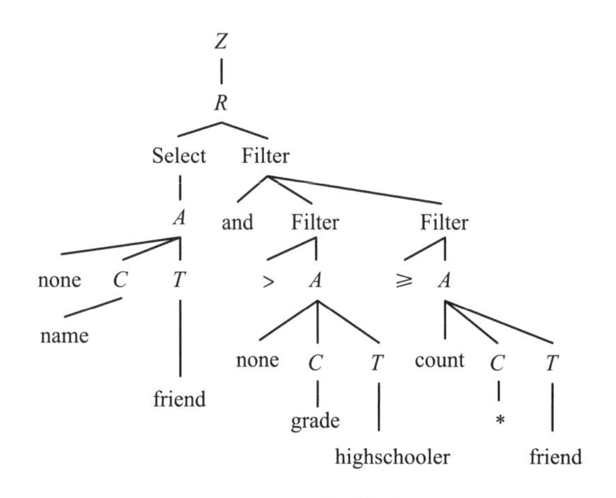

b）SemQL 树形结构

图 1-11　SemQL 语法结构样例展示

近年来，随着大数据技术的兴起以及算力的飞速提升，基于深度学习（Deep-Learning-based）的方法被广泛应用于自然语言处理领域的各类基本任务中，并取得了大量不错的成果。对深度学习来说，似乎任务的效果仅与当前领域数据的数据量相关。也就是说，在标注数据（或者数据增强后的数据）足够的情况下，深度学习可以完成自然语言处理领域内的任何任务。

NL2SQL 领域也不例外，当前由深度学习加持的各类算法模型已经“攻克”著名的单表 NL2SQL 数据库 WikiSQL，不断刷榜的 SOTA 方法让我们乐观地感觉到，NL2SQL 难题的瓶颈似乎已经被突破。

然而，随着 Spider 数据集以及更多复杂的 NL2SQL 数据集的发布，我们的最新模型（例如 IRNet、SyntaxSQLNet、GNN 等）虽然也能达到一定的效果，但是离“攻克”复杂 SQL 查询距离尚远。NL2SQL 任务仍然是研究者不断投入的热门领域，越来越多的专家学者把 NL2SQL 作为解决“人机交互”的必由之路，试图给出更加完善的解决方案。

1.2.2　KBQA 任务及方法

前面我们已经了解到 KBQA 主要由两种技术手段实现，其中语义解析技术指的是将自然语言问题转化为 SPARQL 语言的技术，简称为 NL2SPARQL 技术。这里将进一步介绍 SPARQL 语言以及它在 KBQA 中的重要性。

SPARQL 是一种为 RDF 数据模型定义的查询语言和数据获取协议。SPARQL 可以用于任何以 RDF 来表示的信息资源，它可以查询和更新 RDF 数据，非常适用于语义网络和知识图谱的查询与分析。

在 KBQA 中，SPARQL 语言主要用于查询知识图谱中的数据，并根据用户提出的问题返回相应的答案。与 NL2SQL 中查询表结构的 SQL 相同，SPARQL 在 KBQA 中的地位同样重要。使用 SPARQL 可以有效地从知识图谱中获取相关的信息，并且可以通过多种方式对查询结果进行分析和可视化，从而实现高效和精确的问答系统。

1. KBQA 的任务

我们以 2021 年 CCKS（全国知识图谱与计算语义大会）知识图谱问答竞赛的数据为例来介绍 KBQA 的任务。例如输入一个自然语言问句，如图 1-12 所示。

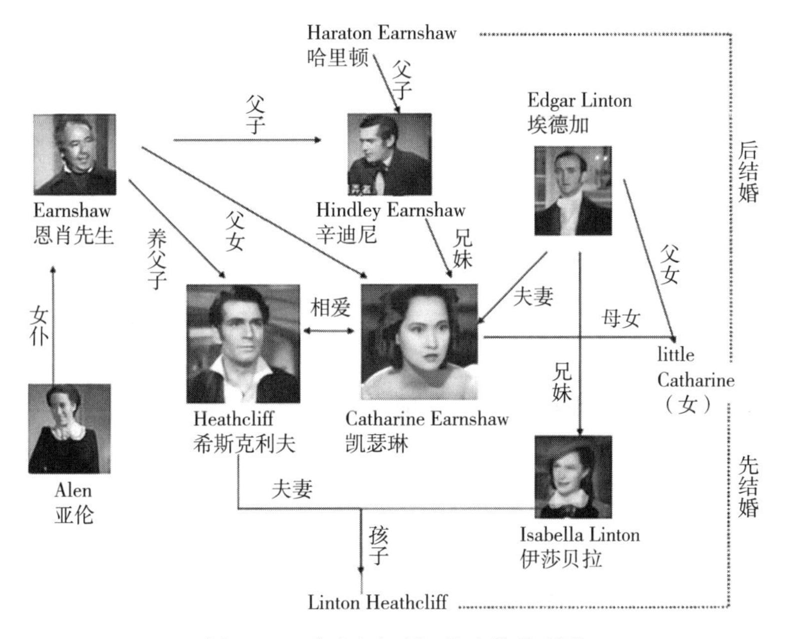

图 1-12　《呼啸山庄》的人物关系图

如果输入一个自然语言问句问“希斯克利夫的妻子是谁”，我们需要根据知识图谱中的希斯克利夫节点所在的位置找到对应的边（即夫妻）所连接的节点来得到答案：伊莎贝拉。同样，在 CCKS 的 KBQA 赛道训练数据时，如果提问是“莫妮卡·贝鲁奇的代表作是什么?”，我们可以用对应的 SPARQL 语句来查询：

```
select ?x where { <莫妮卡·贝鲁奇> <代表作> ?x. }
```

查询到该问题的答案是《西西里的美丽传说》。

这里简单解释一下上面的 SPARQL：“? x”表示一个变量，括号中为一个三元组，“select ? x”表示该查询所返回的就是后面三元组中“? x”所在位置的实体。

当然，以上问题只涉及一个实体和一个关系，实际上 SPARQL 要解决的问题有很多比这个示例复杂得多，还是以 CCKS 数据集为例。

问题：武汉大学出了哪些科学家?

对应的查询语句如下：

```
select ?x where {?x<职业><科学家_(从事科学研究的人群)>. ?x<毕业院校><武汉大学>. }
```

答案："<郭传杰><张贻明><刘西尧><石正丽><王小村>"。

注意，答案中的括号和引号也是存储在知识图谱中的，所以输出的答案保留了与知识图谱中相同的保存方式。

问题：凯文·杜兰特得过哪些奖？

对应的查询语句如下：

```
select ?x where { <凯文·杜兰特> <主要奖项> ?x . }
```

答案：""7 次全明星（2010-2016）5 次 NBA 最佳阵容（2010-2014）NBA 得分王（2010-2012；2014）NBA 全明星赛 MVP（2012）NBA 常规赛 MVP（2014）"。

问题：获得性免疫缺陷综合征涉及哪些症状？

对应的查询语句如下：

```
select ?x where {<获得性免疫缺陷综合征><涉及症状>?x. }
```

答案："<淋巴结肿大> <HIV 感染> <脾肿大> <心力衰竭> <肾源性水肿> <抑郁> <心源性呼吸困难> <低蛋白血症> <不明原因发热> <免疫缺陷> <高凝状态> <右下腹痛伴呕吐> "。

问题：詹妮弗·安妮斯顿出演了一部 1994 年上映的美国情景剧，这部美剧共有多少集？

对应的查询语句如下：

```
select ?y where {?x<主演><詹妮弗·安妮斯顿>. ?x<上映时间>""1994"". ?x<集数>?y. }
```

答案：236。

为了便于使用机器学习技术进行建模，需要对问题进行拆解以实现各个击破。根据所涉及的实体个数和查询所要经过的步数，我们将 CCKS 的数据集中的问题分为如图 1-13 所示的几个类型。

图 1-13 中的 *E* 表示实体，*A* 表示答案，*P* 表示关系，*M* 表示查询路径中要经过的实体节点。

另外，CCKS 的 KBQA 数据集在 2021 年发布的时候还增加了 filter、order 等函数。我们根据数据集总结了该任务中出现的一些新类型的 SPARQL 语句：

1）特殊类型 1：含有 filter。

问题：在北京，神玉艺术馆附近 5 公里的景点都有什么？

```
select ?y where { <神玉艺术馆> <附近> ?cvt. ?cvt <实体名称> ?y. ?cvt <距离值> ?distance.
filter(?distance <= 5). ?y <城市> <北京>. ?y <类型> <景点>. }
```

2）特殊类型 2：含有 count。

问题：皇冠假日品牌的酒店在天津有几个？

```
select (count(?x) as ?count_hotel) where { ?x <酒店品牌名称> <皇冠假日>. ?x <城市> <天津> }
```

特殊类型 3：含有 max。

问题：北京丽晶酒店的最大房型最多可以住几个人？

```
select (max(?x) as ?max_x) where { <北京丽晶酒店> <房型名称> ?y. ?y <容纳人数> ?x. }
```

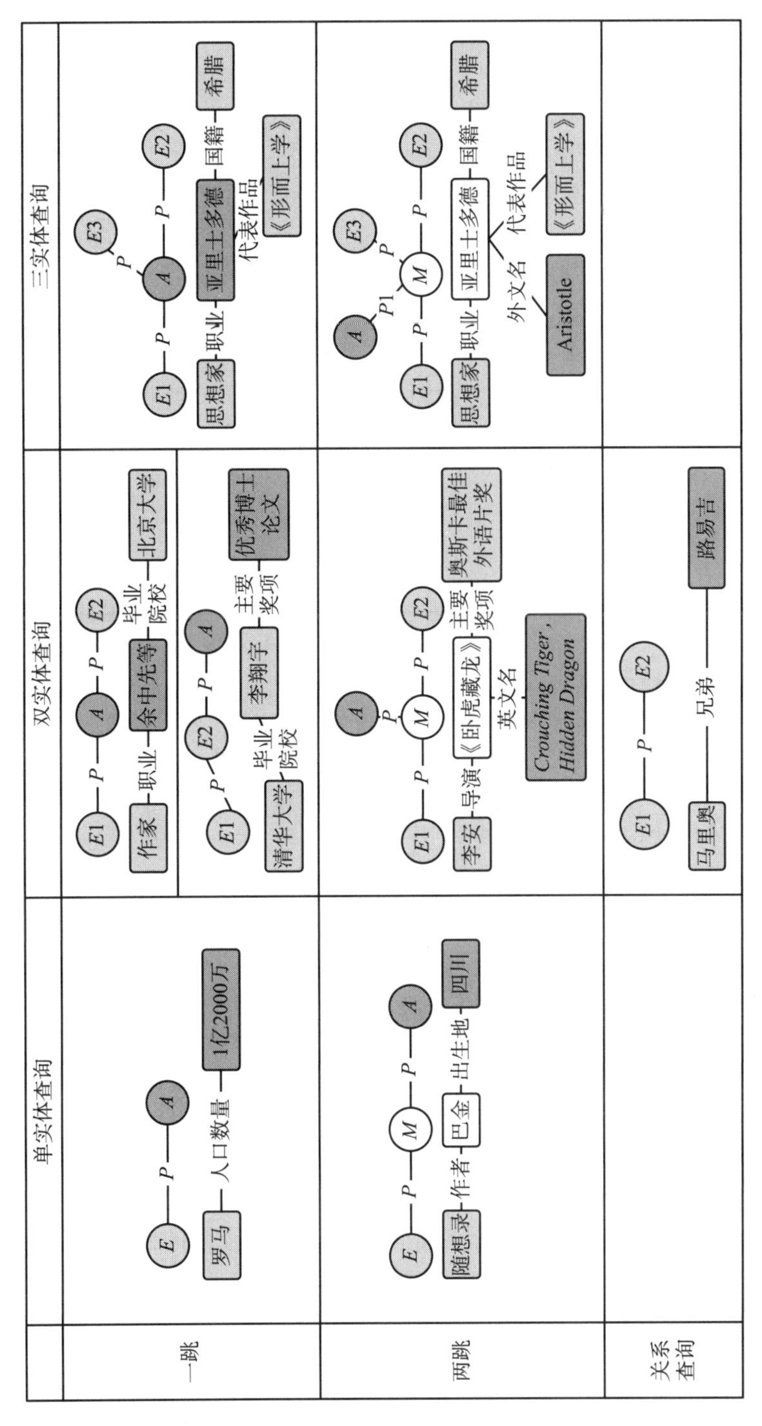

单实体查询
双实体查询
三实体查询
一跳
两跳
关系查询
E
P
A
罗马
人口数量
1亿2000万
M
随想录
作者
巴金
出生地
四川
E1
E2
E3
作家
职业
余中先等
毕业院校
北京大学
清华大学
李翔宇
主要奖项
优秀博士论文
李安
导演
《卧虎藏龙》
英文名
Crouching Tiger, Hidden Dragon
奥斯卡最佳外语片奖
马里奥
兄弟
路易吉
思想家
亚里士多德
国籍
希腊
代表作品
《形而上学》
P1
外文名
Aristotle

图 1-13 实体查询类型

特殊类型 4：含有 filter 和 avg。

问题：景山公园附近 5 公里的酒店的平均价格是多少？

```
select (avg(?x) as ?avg_x) where { <景山公园> <附近> ?cvt. ?cvt <实体名称> ?y. ?cvt <距离值> ?distance. filter(?distance < 5.0) ?y <平均价格> ?x. ?y <类型> <酒店>. }
```

特殊类型 5：含有多个 filter。

问题：景山公园附近 2 公里且价格低于 1000 元的北京酒店有哪些？

```
select ?y where { <景山公园> <附近> ?cvt. ?cvt <实体名称> ?y. ?cvt <距离值> ?distance. filter(?distance <= 2). ?y <城市> <北京>. ?y <类型> <酒店>.  ?y <平均价格> ?price. filter(?price < 1000) }
```

特殊类型 6：含有 filter 和 order。

问题：距离故宫 5000 米内最便宜的酒店是多少钱？

```
select ?price  where { <故宫博物院(故宫)> <附近> ?cvt. ?cvt <实体名称> ?y. ?cvt <距离值> ?distance. ?y <类型> <酒店>. ?y <平均价格> ?price. filter(?distance <= 5). } ORDER BY asc(?price) LIMIT 1
```

该任务的复杂和难点不仅在于数据集中各种类型的问题和对应的 SPARQL 语句，还表现在以下几个方面。

1）知识图谱量级巨大。官方给出的知识图谱三元组超过 6000 万个，实体关系数量都是千万级，关系数超过 10 万的超级节点多，使得检索和召回复杂度高。

2）知识图谱噪声实体多。知识图谱中有很多无效的实体（没有真实语义但与真正有意义的实体在字符上十分类似），使得定位实体的难度增加。

3）完成 CCKS 中的 KBQA 任务需要构建多个复杂的算法任务，并且任务之间的结果相互依赖，从而导致误差扩散且难以定位。

4）自然语言问法变化多。对于同一问题，在自然语言上的句式变化非常多，机器难以理解中文的博大精深。因此，可能会出现训练集训练过的问题因表达方式不同模型不能识别的情况。

2. KBQA 的方法

研究者提出了一系列方法来完成 KBQA 任务。主要的方法有 3 个：排序方法（属于信息检索方法）、从粗到细的方法和生成方法。虽然各种方法的思路不同，但所有的方法基本都采用知识图谱的结构来约束其模型的输出空间。

（1）排序方法

排序方法将 KBQA 分解为两个子任务：查询候选枚举和语义匹配。查询候选枚举任务是通过直接列出来自知识图谱的真实查询并构建一个查询的候选集合实现的。语义匹配的目标是返回每个问题和候选查询的数据对的匹配分数，通常被建模为机器学习任务。

例如要回答“孙悟空的师父是谁”。第一步要将孙悟空这个实体所涉及的所有关系和关系连接的实体节点都枚举出来，形成一个列表，如表 1-4 所示。

第二步是将表 1-4 中的所有路径都和原问题进行语义匹配度计算，系统计算得出第一行中的内容和问题语义表征层面最为接近，从而根据第一行路径查到答案“唐僧”。

表 1-4　孙悟空关系列表

主要实体	关系	关系连接的实体节点	是否和问题语义匹配
孙悟空	师父	唐僧	是
孙悟空	师弟	猪八戒	否
孙悟空	师弟	白龙马	否
孙悟空	师弟	沙僧	否

（2）从粗到细的方法

从粗到细的方法是首先生成查询的骨架，然后结合知识图谱的信息，将查询的骨架中的实体和关系链接到知识图谱中的真实实体和关系，从而形成真实查询语句得到答案。该方法将语义解析分解为两个阶段。首先，模型只预测一个粗略的查询骨架，它重点关注高级结构（进行粗粒度的解析）。其次，模型通过将查询骨架中的实体和关系解析出来，采用实体链接和关系排序的方式找到其对应的真实实体和关系，并用其替换原骨架中的实体和关系，从而形成真实的查询路径，查到答案。

比如，问题“获得性免疫缺陷综合征涉及哪些症状?”对应的 SPARQL 语句是：

```
select ?x where {<获得性免疫缺陷综合征><涉及症状>?x.}
```

对应的骨架是不包括实体和关系的伪 SPARQL 语句：

```
select ?x where {<><>?x.}
```

第一步生成了查询骨架之后，通过实体识别模型将原来问题中的实体“获得性免疫缺陷综合征”识别出来并填入 SPARQL 语句中，然后对主要实体“获得性免疫缺陷综合征”的所有关系进行语义匹配排序，得到关系“涉及症状”，并填入关系所在的位置，得到最终的 SPARQL 语句查询出答案。

（3）生成方法

生成方法是一种建模字符串到字符串的常用方法，用于解决 KBQA 任务中的语义解析问题。通常，这种方法通过约束解码的方式对知识图谱进行查询，从而动态地减少搜索空间。由于其灵活性和可伸缩性，生成方法已经成为当前很多语义解析任务的首选，因此有成为 KBQA 解决方案的趋势。

在使用生成方法时，尤其需要注意解决一个问题，即在生成解码的过程中时刻参考知识图谱的结构和内容，不断地对生成的表达式进行实体、关系、结构上的修正。这一过程需要根据知识图谱的具体情况进行调整和优化，从而提高解析的准确率和效率。

在后续章节中，我们将以 CCKS 参赛获奖方案为例，介绍这种方法的具体操作。通过实例的展示，我们可以更加深入地理解生成方法，并且了解在实际中如何有效地应用该方法。

1.2.3　语义解析技术方案对比

实现语义解析技术主要有几种方法，分别是机器翻译方法、模板填充方法、中间表达方法、图网络方法、强化学习方法，后续每一种方法都将有专门的一章进行介绍。因为KBQA任务和NL2SQL任务的差别主要是生成的形式化语言不同，所以下面只以其中的一种形式化语言进行说明。这里以NL2SQL为例对比技术路线的实现方式。

机器翻译方法：在深度学习的研究背景下，很多研究人员将Text-to-SQL看作一个类似神经机器翻译的任务，主要采取Seq2Seq的模型框架。基线模型Seq2Seq在加入Attention、Copying等机制后，在ATIS、GeoQuery数据集上能够达到84%的精确匹配，但是在WikiSQL上只能达到23.3%的精确匹配以及37.0%的执行正确率，在Spider上则只能达到5%~6%的精确匹配。例如，基于Seq2Seq模型的机器翻译是当前机器翻译的主流模型，通过编码器对原始文本进行编码并得到原始文本的表征，再通过解码器得到目标语言的预测结果。图1-14展示了机器翻译的Seq2Seq模型由德语翻译成英语的简要流程图。图1-14从左到右是系统的输入到输出。输入是德语，输出是英语。德语先经过Encoder（编码器层）转化为深度学习模型学习到的表征，然后右侧的Decoder（解码器层）接收该表征并将其转化为目标语言英语。

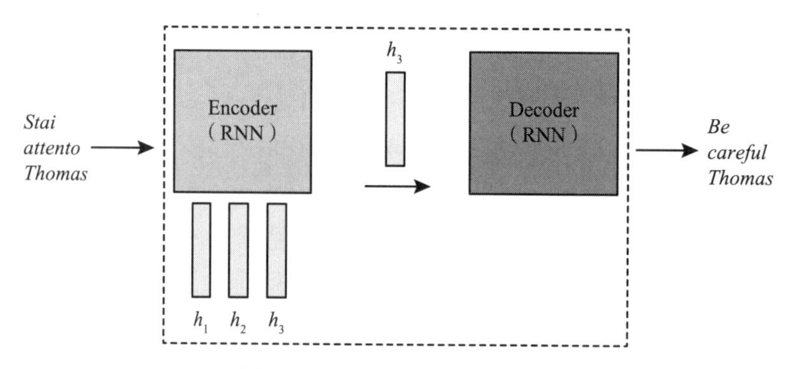

图1-14 Seq2Seq翻译简要流程

模板填充方法：将SQL的生成过程分为多个子任务，每一个子任务负责预测一种语法现象中的列。该方法对单表无嵌套的任务执行效果好，并且生成的SQL可以保证语法正确。其缺点是只能建模固定的SQL语法模板，无法对所有嵌套现象进行灵活处理。当SQL语句较为简单且无复杂的语法现象时，该方法能够有较好的表现，当SQL语句语法结构复杂时，模板填充方法表现不佳。

中间表达方法：以IRNet为代表，将SQL生成分为两步：第一步预测SQL语法骨干结构；第二步对前面的预测结果进行列和值的补充。这种逐步预测的方法是本书要介绍的主要方法，后续内容都围绕此方法展开讲述。

图网络方法：主要用于建模数据库表结构中表和列、列和列间的关系，以Global GNN、RATSQL、LGESQL为代表，在生成涉及多表和嵌套查询的SQL语句上效果显著。

强化学习方法：此方法以Seq2SQL为代表，计算每一步当前决策生成的SQL语句是否正确，强化学习本质上是使用交互所产生的训练数据集进行训练的有监督学习或者弱监督学习，此方法的效果和翻译模型相似。

1.3　语义解析的预训练模型和数据集

在语义解析算法的研究上，数据集是极其重要的参考坐标。因为利用数据集作为参考坐标可以对比不同方案在相同数据集上的效果，所以本节会重点介绍语义解析中几个典型的中文和英文数据集以及常用的算法与预训练模型。

1.3.1　语义解析中的预训练模型

表 1-5 从数据来源、预训练方法和适用场景等方面总结了部分语义解析任务中比较有代表性的预训练模型。

语义解析的预训练任务不仅融入了非结构化文本常用的语言模型（例如 MLM），还设计了合理的结构化融合方法，因而逐渐成为各大竞赛榜单常见的提分方式。

值得一提的是，随着算力的提升和数据量的与日俱增，使用更大规模的数据以及更多参数的模型架构进行预训练，在各类 NLP 子任务中逐渐成为主流。例如，拥有超过 30 亿（3B）参数的超大规模预训练模型——T5-3B 模型在拥有较多“复杂且嵌套”SQL 查询的 Spider 数据集和 CoSQL 数据集上大放异彩，迅速登顶排行榜顶端。这种现象似乎暗示了一种趋势：通过大规模语料、大参数预训练的方式，可以显著提升 SQL 生成场景下的小样本量场景的迁移能力，并且模型越大，准确率越高。在目前仍以深度学习为主的语义解析领域，这种趋势值得深思。

表 1-5　语义解析中的预训练模型

模型名称	数据来源	预训练方法	适用场景
TaBERT	爬取英文维基百科、WDC Web Table Corpus 中的表信息以及表周围的文字	基于 MLM(Masked Language Model，掩码语言模型)实现根据列值预测列名以及采样的列值恢复	单轮
GRAPPA	从已有数据中挖掘 SQL 模板，替换其中的表、列名，生成新的数据	基于 MLM 预测主句和从句中每个列对应的操作	单轮
GAP	在已有的 NL2SQL 数据和 SQL2NL 数据上训练模型，用模型再去产生更多的样本	基于 MLM 判断列名是否在文本中出现，替换列名并进行预测恢复	单轮
SCORE	挖掘多轮场景下的 SQL 模板，替换其中的表和列名，生成新的数据	基于 MLM 预测每个列对应的操作并预测两轮对话之间的 SQL 差异	多轮

1.3.2　NL2SQL 数据集

本小节列举 NL2SQL 中经常用到的几个中英文数据集。

1. 英文数据集

当前 Text-to-SQL 数据集以英文数据集居多，根据是否跨领域、是否跨表以及是否为多轮等特征进行划分，结果如表 1-6 所示。

表 1-6　NL2SQL 中代表性的英文数据集

数据集	单/多领域	是否跨表	是否多轮	数据库数量	问题和 SQL 对
WikiSQL	多	否	否	26 531	80 654
Spider	多	是	否	873	9693
SParC	多	是	是	1020	12 726
CoSQL	多	是	是	—	—

其中 WikiSQL 和 Spider 是研究比较多的单轮数据集，WikiSQL 数据集包含 80 654 个手工注释的问题示例，全部来源于维基百科的 26 531 个表。部分样例展示如图 1-15 所示。

表

Player	No.	Nationality	Position	Years in Toronto	School/Club Team
Antonio Lang	21	United States	Guard-Forward	1999-2000	Duke
Voshon Lenard	2	United States	Guard	2002-03	Minnesota
Martin Lewis	32.44	United States	Guard-Forward	1996-97	Butler CC (KS)
Brad Lohaus	33	United States	Guard-Forward	1996	Iowa
Art Long	42	United States	Guard-Forward	2002-03	Cincinnati

问题

Who is the player that wears number 42?

SQL

select player where no.=42

结果

Art Long

图 1-15　WikiSQL 数据集样例

Spider 数据集是由 11 名耶鲁大学学生注释的大规模 Text-to-SQL 数据集，由 873 个跨领域数据库中的 9693 个问题和 SQL 语句组成，数据库覆盖了 200 个领域，覆盖了 SQL 中常见的关键词和复杂句式（如嵌套、多子句）。部分样例展示如表 1-7 所示。

表 1-7　Spider 数据集样例

问题	查询的 SQL 语句
How many departments are led by heads who are not mentioned?	select count(*) from department where department_id not in (select department_id from management);
How many acting statuses are there?	select count(distinct temporary_acting) from management

2. 中文数据集

中文类的数据集主要包括追一科技的 NL2SQL 数据集、西湖大学的 CSpider 数据集和百度的 DuSQL 数据集，根据是否多领域、是否跨表、是否多轮、数据库数量、问题和 SQL 对等特征进行划分，如表 1-8 所示。

表 1-8　NL2SQL 中代表性的中文数据集

数据集	单/多领域	是否跨表	是否多轮	数据库数量	问题和 SQL 对
NL2SQL	单	否	否	5291/5291	49 974
CSpider	多	是	否	166/876	9691
DuSQL	多	是	否	200/813	23 797

DuSQL 是百度公司建设的覆盖多领域、基于多表的中文 Text-to-SQL 数据集，包含 164 个领域的 200 个数据库，813 个表，23 797 个问题/SQL 对，覆盖了匹配、计算、推理等实际应用中常见的问题形式，每个问题关联一个数据库中的一张或多张表格。该数据集更贴近真实应用场景，为模型解决领域无关性、问题无关性、计算推理问题带来了更大的挑战。数据集样例如表 1-9 所示。

表 1-9　DuSQL 数据集样例

问题	查询的 SQL 语句
期刊创刊年数少于 20 或者使用语言为中文的期刊有哪些？	select 名称 from 期刊 where TIME_NOW - 创刊时间 < 20 or 语言 == '中文'
日本爱知举办的世博会的名称是什么？具体地点在哪里？主题是什么？	select 名称,地点,主题 from 世博会 where 地点 == '日本爱知'

CSpider 数据集是由 Spider 数据集翻译而来的（仅翻译了问题，数据库相关信息仍为英文）。它包含 166 个数据库，平均每个数据库包含 53 张表格，共 9000 多个问题。

NL2SQL 是追一科技公司发布的第一个中文 Text-to-SQL 数据集。该数据集覆盖金融、书籍、房产等领域，是基于单表的数据集，即每个数据库仅包含一张表格，SQL 生成过程中不涉及表的选择。该数据集包含 2.6 万张表格以及 8 万多个问题，问题涉及的 SQL 形式较为简单，仅包含 select 和 where 两个关键词。

其中，数据样例如下所示：

```
{"table_id": "a1b2c3d4", #相应表格的 id "question": "世茂茂悦府新盘容积率大于 1，请问它的
套均面积是多少?", # 自然语言问句 "sql":{ # 真实 SQL "sel": [7], # SQL 选择的列 "agg": [0], #
选择的列相应的聚合函数, '0'代表无 "cond_conn_op": 0, # 条件之间的关系 "conds": [ [1,2,"世
茂茂悦府"], # 条件列, 条件类型, 条件值,col_1 == "世茂茂悦府" [6,0,1]]}}
```

1.3.3　KBQA 数据集

本小节主要列举几个以 SPARQL 作为数据标注的代表性的数据集，如 ComplexWebQuestions、QALD、LC-QUAD、WebQSP 数据集。

1. ComplexWebQuestions

ComplexWebQuestions 数据集是基于 WebQSP（WebQuestionsSP）数据库建立的，使用场景包括知识图谱问答和阅读理解。首先根据 WebQSP 数据集的 SPARQL 语句相关模板

进行扩展，形成模式化的复杂问句。然后通过人工方式对复杂问句进行转述，形成自然语言问句。此数据集的提出论文为“The web as a knowledge-base for answering complex questions”，数据集地址为 https://www.tau-nlp.org/compwebq。

2. QALD

QALD 是 CLEF 上的一个评测子任务，旨在评估基于链接数据的问答系统的质量，促进相关领域的进步。QALD 数据集包含了复杂问题的语料库，其中约 38%的问题都是复杂问题。通常复杂问题会涉及多个实体和关系，例如：“Which buildings in art deco style did Shreve, Lamb and Harmon design?”这类问句需要系统能够理解并回答问题。

同时，该数据集还包括一些具有时间先后关系、属性大小比较、查询最高级实体以及推理等方面的问题。为了解决这些问题，需要在链接数据的基础上开发问答系统，利用这些链接数据，通过推理和逻辑关系来回答问题。

3. LC-QUAD

LC-QUAD 是一个基于 DBpedia 知识图谱的复杂问题数据集。其中，18%的问题是简单的单跳问题，例如：“哪些队参加了土耳其手球超级联赛并有吉祥物?”该数据集的构建方式比较独特。首先，使用一些 SPARQL 模板、一些种子实体和部分关联属性，通过 DBpedia 生成具体的 SPARQL 语句。其次，利用定义好的问句模板和 SPARQL 语句半自动地生成自然语言问题。最后，通过众包形成最终的标注问题。LC-QUAD 2.0 使用同样的方法构建了一个更大、更多样的数据集。

4. WebQSP

WebQuestions 及其衍生数据集是一个用于解决真实问题的数据集。它的问题来源于 Google Suggest API，答案则由 Amazon Mechanil Turk 进行标注。虽然这是目前应用非常广泛的评测数据集之一，但它有两个问题。第一个问题是数据集中只有问答对，没有包含逻辑形式。第二个问题是简单问题占比约为 84%，缺乏复杂的多跳和推理型问题。为了解决第一个问题，微软基于 WebQuestions 构建了 WebQSP，为每一个答案标注了 SPARQL 查询语句，并去除了部分有歧义、意图不明或者没有明确答案的问题。为了解决第二个问题，微软构造了 ComplexQuestions 数据集，该数据集在 WebQuestions 的基础上，引入了类型约束、显式或隐式的时间约束、多实体约束、聚合类约束（最值和求和）等，并提供了逻辑形式的查询。

KBQA 数据集的一些相关特性总结如表 1-10 所示。

表 1-10　KBQA 数据集

数据集	知识图谱	数据库数量
ComplexWebQuestions	Freebase	34 689
QALD	DBpedia	558
LC-QUAD	DBpedia	5000
LC-QUAD 2.0	Wikidata 和 DBpedia	30 000
WebQSP	Freebase	4737

1.4　本章小结

本章详细讨论了语义解析技术应用的难点。具体来说，难点包括语言表达的多样性、实体识别、关系识别、语言歧义等方面。为了解决这些应用难点，本章进一步讨论了NL2SQL 和 KBQA 的发展技术路线，以及相关的预训练模型与数据集。

CHAPTER2

第2章 基于机器翻译的语义解析技术

语义解析可以被理解为一项将自然语言文本转换为特定逻辑形式或结构化查询的翻译任务。这是一个非常复杂的过程，需要解决多种问题，如语言表达的多样性、实体识别、关系识别、语言歧义等。针对这些问题，基于编码器-解码器（Encoder-Decoder）的架构已经在各种自然语言翻译中得到了成功应用。因此，本章将介绍这种架构在语义解析中的应用原理，以及存在的问题和相应的优化策略。

2.1 机器翻译原理浅析

机器翻译作为自然语言处理领域最重要的任务之一，在如今大模型、大数据的背景下，取得了突飞猛进的发展，其应用前景也十分广阔。简单来说，机器翻译（Machine Translation，MT）就是借助计算机实现将一种语言（即源语言）转换成另一种语言（即目标语言）的技术。

2.1.1 常见机器翻译技术路线

一般来说，机器翻译的技术路线通常可以分为以下几大类。

1. 基于规则的机器翻译

基于规则的机器翻译（Rule-Based Machine Translation，RBMT）是一种传统的机器翻译方法，其基本思想是将翻译任务分解为一系列规则，然后利用这些规则进行翻译。

RBMT 系统通常由 3 部分组成：分析器、转换器和生成器。分析器用于将源语言句子转换为一种中间语言表示；转换器将中间语言表示转换为目标语言表示；生成器负责将目标语言表示转换为目标语言句子。

RBMT 系统的优点在于翻译结果可解释性强、翻译质量稳定等。但其局限性也很明显，主要表现在以下几个方面。

- 规则的设计需要耗费大量时间和精力，且难以覆盖所有语言现象。
- RBMT 系统的翻译能力依赖规则的质量，若规则有误或缺失，则翻译质量将会受到影响。
- RBMT 系统往往不能处理语言的复杂结构和模糊语义，例如省略、指代、歧义等。

2. 基于记忆的机器翻译

基于记忆的机器翻译（Memory-Based Machine Translation，MBMT）是一种基于存储翻译片段的机器翻译方法。MBMT 系统的基本思想是利用存储库中的双语翻译片段，将其作为“记忆”来辅助翻译。

MBMT 系统通常由两部分组成：存储库和翻译引擎。存储库中保存了大量的双语翻译片段，翻译引擎则利用这些片段来生成新的翻译结果。翻译引擎通常会在句子的翻译过程中，从存储库检索相应的翻译片段，然后对其进行组合和调整，以生成新的翻译结果。

MBMT 系统的优点在于其能够快速生成翻译结果，在一些特定领域中的翻译质量较高。但其局限性也很明显，主要表现在以下几个方面。

- MBMT 系统的翻译能力依赖于存储库中的翻译片段质量和覆盖范围，若片段质量不高或范围不够广泛，翻译结果将受到影响。
- MBMT 系统难以处理未知词汇和生僻语言现象。
- MBMT 系统无法对未知语言现象进行有效的处理。

3. 基于实例的机器翻译

基于实例的机器翻译（Example-Based Machine Translation，EBMT）是一种基于实例的机器翻译方法，其基本思想是通过对翻译例句的学习和存储，快速生成新的翻译结果。

EBMT 系统通常由两部分组成：存储库和翻译引擎。存储库保存了大量的双语翻译例句，翻译引擎则利用这些例句来生成新的翻译结果。

EBMT 系统的优点是翻译速度快、翻译结果质量稳定等。但其局限性也很明显，主要表现在以下几个方面。

- EBMT 系统的翻译能力依赖于存储库中的例句质量和覆盖范围，若例句质量不高或范围不够广泛，翻译结果将受到影响。
- EBMT 系统难以处理未知词汇和生僻语言现象。
- EBMT 系统无法对未知语言现象进行有效的处理。

近年来，随着深度学习技术的发展，NMT（Neural Machine Translation，神经机器翻译）已逐渐成为主流。NMT 能够自动从大量的双语语料中学习到源语言和目标语言之间的映射关系，且能够更好地处理未知词汇和语言现象。因此，EBMT 虽然在一些特定领域中仍然有应用，但在整个机器翻译领域中的地位已逐渐下降。

4. 基于统计的机器翻译

基于统计的机器翻译（Statistical Machine Translation，SMT）的基本思想是，通过对大量的平行语料进行统计分析，构建统计翻译模型，然后利用该模型进行翻译。最初的统计翻译方法是基于噪声信道模型建立起来的。该方法认为，一种语言的句子 T（信道意义上的输入）因经过一个噪声信道而发生变形，并在信道的另一端呈现为另一种语言的句子 S（信道意义上的输出）。实际上，翻译问题就是根据观察到的句子 S，恢复最有可能的输入句子 T。

SMT 系统通常由两部分组成：训练模型和翻译引擎。训练模型利用大量的平行语料，构建翻译模型，包括语言模型、翻译模型和调序模型等。翻译引擎则利用这些模型，对输入的源语言句子进行翻译，并输出目标语言句子。

SMT的优点在于其能够利用大量的平行语料进行训练，从而生成较为准确的翻译模型。但其局限性也很明显，主要表现在以下几个方面。

- SMT系统往往无法处理复杂的语言结构和模糊的语义，如省略、指代、歧义等。
- SMT系统在翻译低频词和未知词汇时表现较差。
- SMT系统往往高度依赖平行语料的质量和规模。

如今的机器翻译已经从早期基于词的模型过渡到基于短语的翻译模型，并正在融合句法信息等，以进一步提高翻译的精确性。

5. 神经机器翻译

与基于记忆的方法类似，用人工神经网络的方法也可以实现从源语言句子到目标语言句子的映射。不过NMT是基于深度神经网络的，这为机器翻译提供了一种端到端的解决方案，在研究社区中受到了越来越多的关注，并且近几年已逐渐应用到了产业中。NMT使用基于RNN（循环神经网络）的编码器-解码器框架对整个翻译过程建模。在训练过程中，它会最大化目标语句对给定源语句的似然函数。在测试的时候，给定一个源语句x，它会寻找目标语言中的一个语句y^*，以最大化条件概率$P(x|y)$。由于目标语句的可能数目是指数级的，找到最优的y^*是NP-hard的。因此通常会使用束搜索（Beam Search）找到合理的y。在神经网络机器翻译中，束搜索是一种基于概率的搜索算法，用于在词汇表中查找最佳的翻译结果。具体来说，对于每个输入源语言句子，束搜索通过神经网络计算出其对应的目标语言句子中每个单词的概率分布，然后选择概率最高的若干个单词作为可能的翻译结果。束搜索算法中的“束”或者“梁”即（Beam）是一个宽度为K的参数。在每个时间步中，束搜索会将前一步得出的K个可能结果，按照其概率大小进行排序，并保留概率最大的K个结果，将它们作为新的可能结果输入下一步搜索。这样，随着时间的推进，束搜索会逐渐缩小翻译结果的范围，最终得出K个可能的完整语句，作为最终翻译结果。在NMT中，翻译结果往往有多种可能，而且预测会不可避免地会存在误差，而束搜索算法是一个可靠的解决方案，它可以使网络输出尽可能地接近最优解，提高翻译准确性。

2.1.2　神经网络机器翻译基本框架

Seq2Seq（Sequence To Sequence，序列到序列）是一种基于深度学习的模型，用于处理不同长度的序列数据，例如机器翻译、自动摘要、语音识别等。通常来说，如果从模型的输入/输出形式上划分，序列模型可分为以下4种，如图2-1所示。

1）一到多：输入的是一个向量，输出的是多个标签。比如从图片到文字的转换，即看图说话。

2）多到一：输入的是多个向量，输出的是一个标签。比如对商品的评价进行正向、负向、中性的情感三分类预测。

3）等长的多到多：输入和输出的字符长度一样，比如自然语言处理中常见的命名实体识别任务。

4）不等长的多到多：输入和输出的字符数量不一致，比如中英文翻译任务，中文一般比英文句子要短一些。

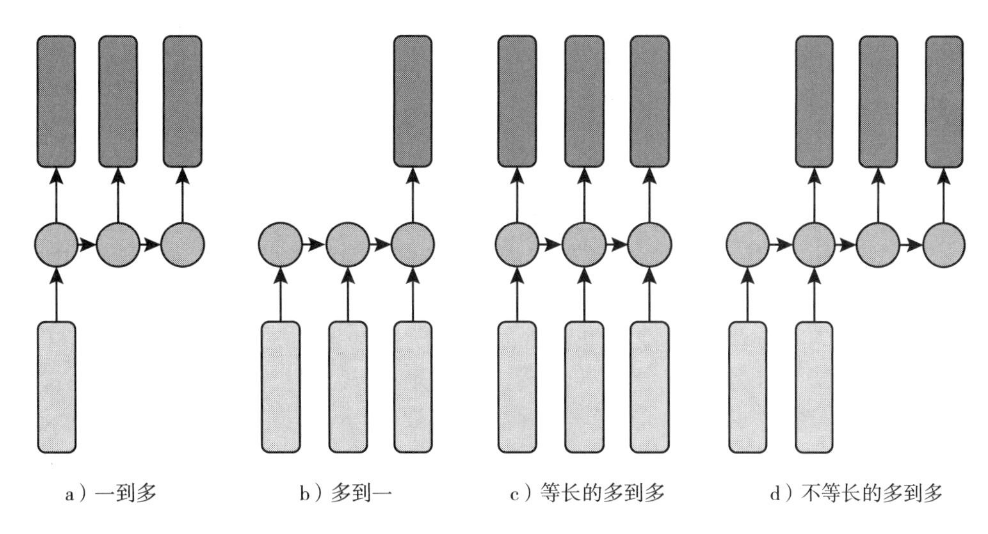

图 2-1　Seq2Seq 模型的 4 种不同的类型

Seq2Seq 模型的核心是编码器和解码器。编码器将输入序列压缩为一个固定长度的向量，解码器则利用该向量生成输出序列。该模型利用神经网络自动从数据中学习输入和输出之间的映射关系，从而完成翻译、摘要、识别等任务。

GNMT 作为 Seq2Seq 模型的一种应用，有效地提高了机器翻译的质量和速度，表明 Seq2Seq 模型架构在机器翻译领域的应用具有广泛的前景。

2.2　NL2SQL 翻译框架的构建

因为自然语言到 SQL 语言本质上是一个文本到文本的转换任务，所以可以用 Seq2Seq 模型框架来解决这类问题，本节主要介绍如何用 Seq2Seq 模型框架来完成 NL2SQL 任务。

2.2.1　Seq2Seq 模型原理

Seq2Seq 模型是一种编码器-解码器架构的网络，其基本框架如图 2-2 所示。它的输入/输出均为序列。

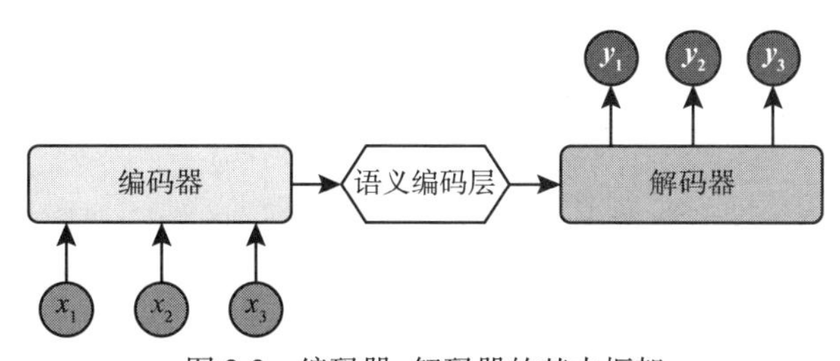

图 2-2　编码器-解码器的基本框架

基于编码器-解码器架构的模型具有很好的灵活性。具体体现在：编码器模块用于处理模型的输入；解码器模块用于生成模型的输出，二者之间通过中间层（语义编码层）相连。从图2-2可知，x_1、x_2、x_3先映射到语义编码层，语义编码层再映射到y_1、y_2、y_3。语义编码层是由固定长度的向量组成的，作为二者的中介进行相互翻译。因此，编码器-解码器架构有两个显著的特点。

1）不论输入和输出的序列长度是怎样的，中间语义编码层的向量长度是固定的。

2）在不同的任务中，编码器和解码器可以用不同的算法来实现（一般都是RNN）。

正因为编码器-解码器这种将模型的输入和输出分开处理的特点，故而天生就具有处理变长的输入和输出的属性。也正是因为该模型巨大的灵活性，导致该结构基本上成为如今处理翻译任务的一个基本范式，极大地促进了自然语言领域的技术发展。但Seq2Seq架构的发展也经历了一些波折，其中最值得一提的就是，人们对Seq2Seq模型应该选择什么样的基本模块是一个不断改变认知的过程，从最初的RNN、LSTM、GRU到CNN，再到如今红极一时的Transformer，Seq2Seq架构发挥出越来越强大的能力。

2.2.2　将Seq2Seq模型应用于NL2SQL

将Seq2Seq模型用于解决NL2SQL问题是一种比较直截了当的思路，但是由于SQL语言的特点，会出现两个问题。

1）顺序问题：在SQL语句中，where语句中的条件顺序并不会影响SQL语句的查询结果，但是Seq2Seq模型对这种语序变化是敏感的。

2）条件独立问题：众所周知，在Seq2Seq模型的解码器输出中，下一个Token的预测依赖于前面所有的Token表征，但是SQL语句中的不同条件语句之间并没有这样的依赖关系。例如，图2-3中的goal=16与score='1-0'并无语义关联，因此传统的Seq2Seq模型结构并不适用于SQL语句的语义解析。

```
select result                         select result
where score='1-0' AND goal=16         where goal=16 AND score='1-0'
```

图2-3　顺序问题和条件独立问题

Seq2Seq模型的方案无法解决上述两个问题，必须对这种依赖于序列顺序的模型架构进行改进，才能更有效地解决NL2SQL任务。

2.3　从序列到集合：SQLNet模型的解决方案

本节介绍的SQLNet模型构造出了一种基于Seq2Seq的特殊架构，解决了顺序问题和条件独立问题。SQLNet模型提出了两种应对措施：序列到集合（Sequence-to-Set）和列名注意力（Column Attention）。其中，序列到集合用于解决where语句的顺序问题，列名注意力用于解决条件独立问题。

2.3.1 序列到集合

SQL 语句中的不同 where 条件语句通常为并列关系，不同 where 条件语句之间的相对顺序变化并不影响 SQL 的执行结果。因此，为了取代原始的序列化解析方式，我们可以采用集合的方式来处理 where 语句中出现的列名信息，从而将问题转化为“预测 where 语句中应该出现哪些列名”。具体来讲，直观上，出现在 where 语句中的所有列名构成了一个子集。子集中的所有列名在 where 语句中的地位相同。因此，为了改进原有的序列化输出列名的方式，我们将重新定义一个新的任务：通过建模来预测哪些列名应该出现在这个列名子集中。这个新的任务可以被称为“序列到集合”。通过预测出来的列名集合生成的多个 where 条件语句之间没有了 Seq2Seq 模型预测结果的顺序依赖问题。

通过式（2-1）计算出各个列名出现的概率：

$$P_{\text{wherecol}}(\text{col} \mid \text{Q}) = \sigma(\boldsymbol{u}_c^{\text{T}} \boldsymbol{E}_{\text{col}} + \boldsymbol{u}_q^{\text{T}} \boldsymbol{E}_{\text{Q}}) \tag{2-1}$$

其中 $P_{\text{wherecol}}(\text{col} \mid \text{Q})$ 代表计算出的列名的概率，col 表示列名，Q 表示自然语言问句，σ 表示 Sigmoid 函数，$\boldsymbol{E}_{\text{col}}$ 和 $\boldsymbol{E}_{\text{Q}}$ 分别代表列名和自然语言问句的表征向量，$\boldsymbol{u}_c^{\text{T}}$ 和 $\boldsymbol{u}_q^{\text{T}}$ 表示两个可训练的列向量。

$\boldsymbol{E}_{\text{col}}$ 和 $\boldsymbol{E}_{\text{Q}}$ 可以分别由两个不同的双向 LSTM 对列名和自然语言问句进行编码得到。由于这两个 LSTM 网络并不共享权重，所以 where 子句中的不同列名的推断是相互独立的，从而避免序列依赖对 where 子句的列名预测顺序的影响。

2.3.2 列名注意力

序列到集合的方法虽然解决了不同 where 语句间的顺序依赖问题，但也放弃了 Seq2Seq 模型特有的序列信息传递能力，使得由序列到集合方式得到的列名与原自然语言问题中的特定词汇失去了关联，从而导致序列到集合方式预测出的列名的准确性大打折扣。例如图 2-4 的 WikiSQL 数据样例所示，与问句中的 number 这个词联系更紧密的列名应该是“No.”。同样，与 player 联系更紧密的列名应该是 Player，然而式（2-1）描述的自然语言问句的向量 $\boldsymbol{E}_{\text{Q}}$ 并不能反映这种“联系”。也就是说，序列到集合的解析方式并不会“区别对待”问句中的各个词汇。因此，为了更准确地对 where 子句中出现的列名进行预测，不仅需要用到自然语言问句中的文本信息，还需要将问句中的不同部分与特定列“联系起来”。我们设计了基于列名的注意力机制来生成 $\boldsymbol{E}_{\text{Q}\mid\text{col}}$ 替代 $\boldsymbol{E}_{\text{Q}}$，以加强这种“联系”。

下面来详细描述这种“列名注意力机制”的实现。

假设 $\boldsymbol{H}_{\text{Q}}$ 表示 LSTM 网络的输出，其大小为 $L*d$，其中 L 为问句的长度，d 为隐层向量长度。第 i 列 $\boldsymbol{H}_{\text{Q}}$ 表示问句中的第 i 个 Token 所代表的语义向量。

自然语言问句中的每一个 Token 都可以通过式（2-2）计算出对应的注意力权重。

$$\boldsymbol{W} = \text{softmax}(\boldsymbol{v}), \boldsymbol{v}_i = (\boldsymbol{E}_{\text{col}})^{\text{T}} \boldsymbol{W} \boldsymbol{H}_{\text{Q}}^i \quad \forall i \in \{1, \cdots, L\} \tag{2-2}$$

其中 $\boldsymbol{v}_i$ 表示向量 $\boldsymbol{v}$ 的第 i 个维度的向量，$\boldsymbol{H}_{\text{Q}}^i$ 表示 $\boldsymbol{H}_{\text{Q}}$ 的第 i 个维度的向量，$\boldsymbol{W}$ 是训练得到的维度，为 $d*d$ 大小的权重矩阵。

表

Player	No.	Nationality	Position	Years in Toronto	School/Club Team
Antonio Lang	21	United States	Guard-Forward	1999-2000	Duke
Voshon Lenard	2	United States	Guard	2002-03	Minnesota
Martin Lewis	3244	United States	Guard-Forward	1996-97	Butler CC (KS)
Brad Lohaus	33	United States	Forward-Center	1996	Iowa
Art Long	42	United States	Forward-Center	2002-03	Cincinnati

问题：

Who is the player that wears number 42?

SQL语句：

select player where no.= 42

结果：

Art Long

图 2-4　WikiSQL 数据集样例

在计算出注意力权重后，可以通过矩阵乘法得到新的针对 Token 加权的问题表征向量 $\boldsymbol{E}_{\mathrm{Q|col}}$。

于是，将式（2-2）改写为式（2-3）的形式：

$$P_{\text{wherecol}}(\text{col}\mid\text{Q}) = \sigma(\boldsymbol{u}_c^{\mathrm{T}}\boldsymbol{E}_{\text{col}} + \boldsymbol{u}_q^{\mathrm{T}}\boldsymbol{E}_{\text{Q|col}}) \tag{2-3}$$

与式（2-2）相比，新的列名概率计算方式加入了特定的列名注意力机制，能够更好地理解原始自然语言问句中不同 Token 的关系，从而能够辅助序列到集合模型生成更加精准的列名集合。

2.3.3 SQLNet 模型预测及其训练细节

本小节重点介绍 SQLNet 模型及其训练细节。SQLNet 模型对 select 语句和 where 语句的预测是分别进行的。

（1）where 语句的预测

where 语句通常拥有比较复杂的结构，SQLNet 模型首先对所有可能出现在 where 语句中的列名进行预测，然后会预测每一个列名的条件限制，条件限制即 OP 操作（=、>、<）和 valuf 值。

然后对 where 语句中的每个列名，通过一个三分类模型来确定它的 OP 操作。最后通过 Seq2Seq 模型对问句和 value 值进行建模，得到 where 语句中的 value 值。其中编码器采用 LSTM，解码器采用指针网络。

（2）select 语句的预测

select 语句是由聚合（AGG）操作和列名组成的。select 语句中列名的预测方式与 where 语句的类似。不同之处在于，select 语句预测时只需要选择一个列名，而 where 语句还要判断列名过滤条件。为了进行聚合操作的预测，我们采用了一个多分类模型，分类数量取决于聚合操作的种类个数。在模型训练过程中，我们使用了带有加权参数的交叉熵损失函数来优化序列到集合模型，从而对错误的预测结果进行惩罚，并奖励正确的预测结果。通过实验对比不同的超参数效果，设置超参数 α 为 3。此外，我们尝试了多种权重共享方式，最终选取了最有效的方式，即不共享 LSTM 的权重矩阵，但共享底层的词嵌入向量。

2.4　T5 预训练模型在 NL2SQL 中的应用

T5（Transfer Text-to-Text Transformer）是一种端到端的生成式模型，输入原文本后，不需要进行太多的调整就可以直接得到输出结果。这种模型天然适合处理文本生成任务。本节会着重介绍将 T5 模型应用于 NL2SQL 的整个流程。

2.4.1　T5 模型简介

T5 模型是一个统一的框架，将所有的自然语言处理任务都转换成了文本到文本的任务。比如英译德，只需要将训练数据集的输入前加上“translate English to German”即可。假设需要翻译 That is good，那么就先转换成“translate English to German：That is good”输入模型，之后就可以直接输出翻译的德语 Das ist gut。

通过这种方式可以把 NLP 任务转换成文本到文本形式，即使用同样的模型、损失函数、训练过程、解码过程来完成所有的 NLP 任务。

T5 模型生成图如图 2-5 所示。

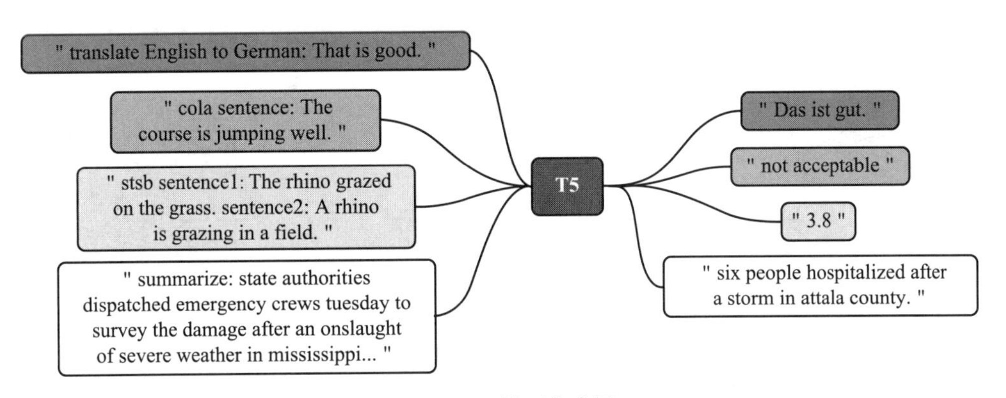

图 2-5　T5 模型生成图

图 2-5 举出了 4 个 NLP 任务的例子，分别是文本翻译、情感分析、文本相似度、文本摘要任务。左边框列举的是文本翻译任务，是一个英语转换成德语的任务。将 prefix（前缀，即提示）translate English to German：和原始文本 That is good 输入到 T5 模型中，模型会生成并输出 Das ist gut。第 2 行要进行情感分析，属于分类任务。prefix 是 cola sentence：，原始文本是 The course is jumping well，将它们输入到 T5 模型中，会直接生成情感词 not acceptable。第 3 行计算的是文本相似度，也就是匹配问题。句子 1 和句子 2 合并输入到 T5 模型中，会直接得到两者的相似度值。第 4 行要完成的是文本摘要任务，将 prefix summarize：和原始文本“state authorities dispatched emergency crews tuesday to survey the damage after an onslaught of severe weather in mississippi...”输入到 T5 模型中，会得到摘要“six people hospitalized after a storm in attala county”。

2.4.2 T5 模型架构

T5 模型有多种不同的架构，最主要的架构分为如下 3 种类型。

1）编码器-解码器型，即 Seq2Seq 的常用模型，分为编码器和解码器两部分。编码器作为输入端，可以看到全体，之后将编码的结果输出给解码器。而解码器作为输出端，只能看到之前的 Token 所形成的表征。编码器-解码器架构如图 2-6 所示，编码器作为输入，通过融合上下文信息得到原始文本的表征，然后通过解码器模型对原始表征进行解码，最后得到想要的输出。此架构的代表有 MASS、BART 等。

2）解码器型，采用自回归方式，当前时间步的信息只能看到之前时间步的信息。解码器型的架构如图 2-7 所示，在每一步输入当前文本，而当前输出只依赖当前的输入和之前的输入。典型的代表有 GPT2、CTRL 等。

3）Prefix LM（Language Mode）型，可以看作编码器和解码器的融合体，Prefix LM 型架构如图 2-8 所示。一部分如 Encoder 一样，能看到全体信息；一部分如解码器一样，只能看到过去的信息，UniLM 便是这样的结构。

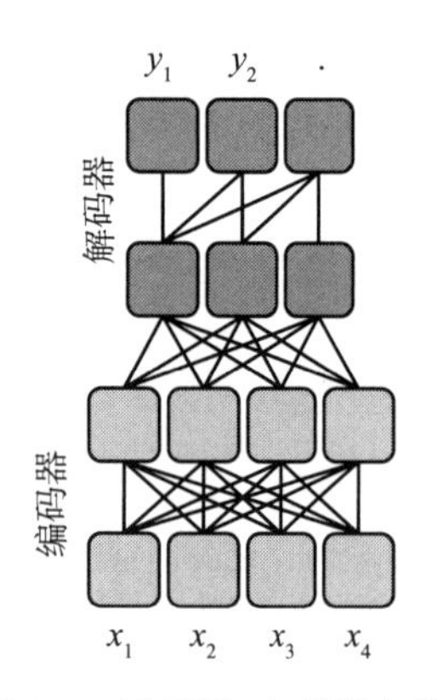

图 2-6　编码器-解码器架构

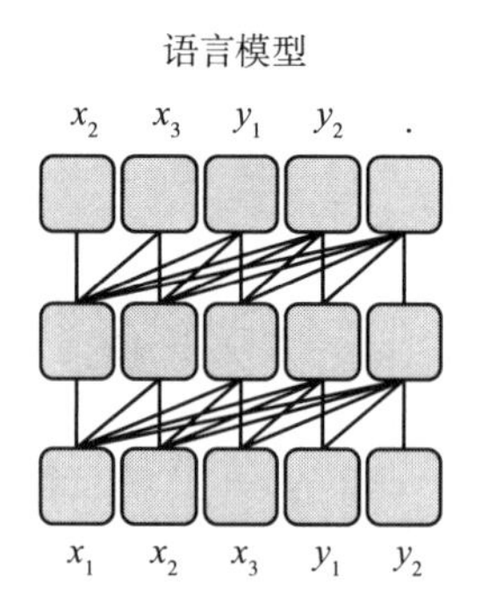

图 2-7　解码器型架构

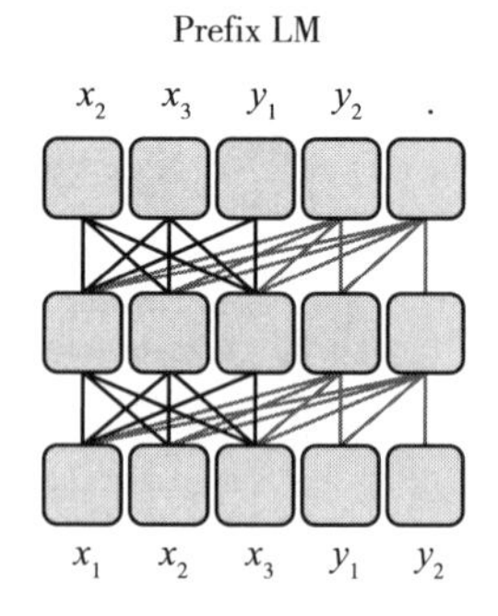

图 2-8　Prefix LM 型架构

2.4.3 T5 模型训练方式

T5 模型论文作者对预训练目标从两个方面进行了比较。

第一个方面： 高层次方法（自监督的预训练方法）对比，总共有如下 3 种方式，其中 BERT 式的效果最好。

1）语言模型式：类似 GPT-2 采用的方式，从左到右预测，当前的状态只能看到之前时刻的状态，而看不到后面时刻的状态。

2）BERT 式：像 BERT 一样，将一部分输入给“破坏”掉，然后还原出来。

3）Deshuffling（顺序还原）式：将文本打乱，然后还原出来。

第二个方面： 对文本进行破坏时的策略，也可以分为 3 种方法，效果最好的是 Replace Span 法，也就是对原始文本中部分长度的片段进行替换。SpanBERT 已经证明了这种策略的有效性。

1）Mask 法：是现在大多数模型采用的方法，将被破坏的 Token 换成特殊字符（如[M]），然后对 Mask 部分进行预测，例如 BERT 就是这样操作的。

2）Replace Span（小段替换）法：可以视为将 Mask 法中相邻[M]都合成为一个特殊符号，每一小段替换为一个特殊符号。与普通 Mask 法的区别在于 Replace Span 法是按照一定长度进行替换的，并且合成的是一个特殊符号，而 Mask 法是单个 Token 的替换，Replace Span 的计算效率更高。

3）Drop 法：没有替换操作，直接随机丢弃一些字符。

2.4.4　T5 模型在 NL2SQL 中的应用

要想得到 SQL 语句，不可避免会涉及数据库、表结构和表所对应的列。因此，为了生成更精准的 SQL 语句，我们将自然语言问题、数据库表结构和列作为 T5 模型的输入。分别训练 3 个 T5 模型：第一个 T5 模型的输入是自然语言问题，输出是数据库名；第二个 T5 模型的输入是自然语言问题和数据库中的表名和列名，输出的是 SQL 中的表和列；第三个 T5 模型的输入是自然语言问题、表和列，输出是 SQL 语句。

首先，我们将自然语言问题和数据库拼接作为输入，中间用“|”号分隔开，用第一个 T5 模型学习一个由问题到数据库的映射。

其次，我们将自然语言问题和第一个 T5 模型预测得到的数据库进行拼接作为输入，表结构（表名）作为标签，用第二个 T5 模型学习从数据库和自然语言问题的拼接到表结构的映射。

最后，将自然语言问题、两个 T5 模型预测得到的表结构信息（表名）以及生成的表所对应的所有列信息（列名和列的数据类型）的拼接作为输入，数据库、表结构和生成表对应的列中间用“|”分隔开，训练一个能够得到 SQL 语句的输出。

2.5　NL2SQL 的 T5 模型实践

本节将通过代码讲解如何通过 T5 模型来将自然语言转换成 SQL 语言，同时将给出训练样本示例、T5 模型结构示例，以及 NL2SQL 流程示例、具体步骤和代码实现。

我们使用的是 T5 模型微调的代码，首先从 transformers 和 simpletransformers 库中引入相关的包和库，其中包含 T5model、T5Tokenizer、T5Args。T5model 包含了 T5 模型的网络架构，T5Tokenizer 可以将原始输入文本转换成相应的 Token，T5Args 包含了微调 T5 模型的参数，这三者构成了 T5 微调模型的主要模块。下面介绍具体的实践步骤。

首先是数据的处理和导入，load_dbname 函数用来导入训练所需的数据库和自然语言问题。

我们所需要的是 question_list 和 db_name_list 这两列，其中 question_list 是第一个 T5 模型的原始输入，而 db_name_list 是输出。dbname 数据样例如表 2-1 所示。

T5 模型输入的 Token 形式如图 2-9 所示。

表 2-1 dbname 数据样例

question_list	db_name_list
基金经理最高学历为硕士且任职天数小于 365 的有哪些	ccks_fund
2021 年收入从多到少排名前 5 的是哪几家公司	ccks_stock
找到指标周期为“一个月”的基金收益为正的基金数目,按基金性质分组展示	ccks_fund
去年哪家公司的成本最高	ccks_stock
帮我确认一下天齐锂业的主要经营业务范围	ccks_stock

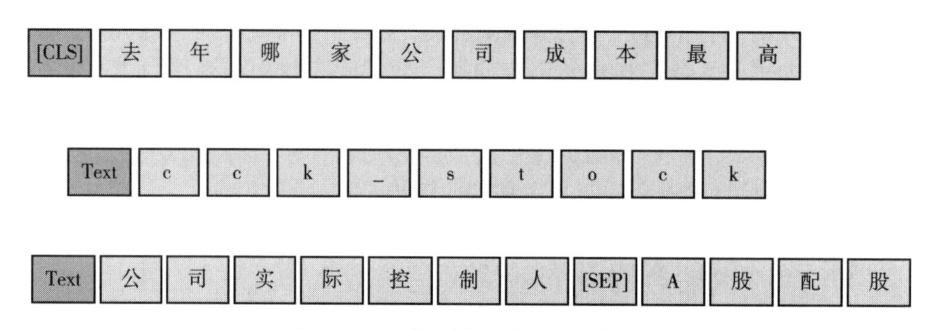

图 2-9 T5 模型输入的 Token 形式

第一个 T5 模型架构如图 2-10 所示。

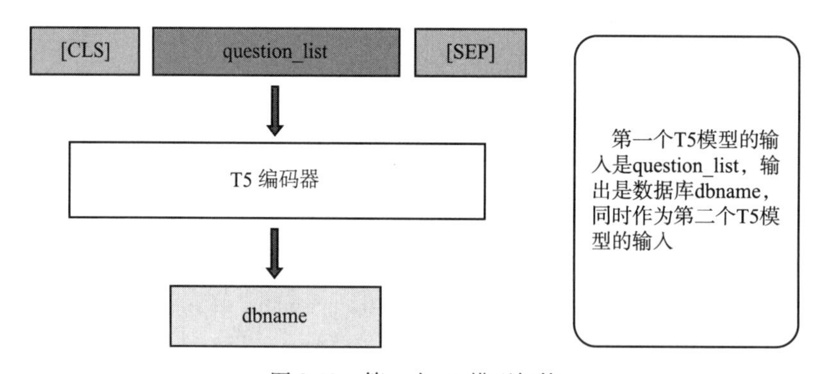

图 2-10 第一个 T5 模型架构

代码清单 2-1 展示的是 T5 模型的训练集数据导入的流程。数据导入函数 load_dbname 用来加载数据库中的数据，经过 load_dbname 处理得到的是 question_list 和 db_name_list 的列表形式。在函数里对应的输入变量是 texts 和 labels，经过处理后的 texts 和 labels 将被输入到 T5 模型进行训练，得到第一个微调后的 T5 模型。

其次，load_table 函数用来导入表结构，表结构来自上个 T5 模型推理出的数据库中的所有表名，表里面对应着我们所需要的 SQL 查询语句的答案。因此，从数据库生成表结构、从表结构到列这两个步骤所训练的 T5 模型也可以看作一个查询匹配问题。

load_table 导入的也是 CSV 文件，和 load_dbname 函数一样，需要的输入的列如图 2-9 所示。texts 对应的是自然语言问题、数据库、库中包含的表（question_list、db_name_list、table_all_list）的合并结果。而 labels 对应的是模型所生成的中文表的表结构（table_units_chinese_list）。texts 和 labels 将分别输入到第二个 T5 模型中进行训练。

代码清单 2-1 T5 模型的训练集数据导入

```
import os
import random
import logging
import pandas as pd
from simpletransformers.t5 import T5Model, T5Args
from transformers.models.t5 import T5Tokenizer
os.environ['CUDA_VISIBLE_DEVICES']="0"
logging.basicConfig(level=logging.INFO)
transformers_logger=logging.getLogger("transformers")
transformers_logger.setLevel(logging.WARNING)

def load_dbname(filename):
    texts=[]
    labels=[]
    df=pd.read_csv(filename)
    for index, row in df.iterrows():
        content=row['question_list']
        title=row['db_name_list']
        texts.append(content)
        labels.append(title)
    return texts, labels

def load_table(filename):
    texts=[]
    labels=[]
    df=pd.read_csv(filename)
    for index, row in df.iterrows():
        content=row['question_list']+'|'+row['db_name_list']+'|'+row['table_all_list']
        title=row['table_units_chinese_list']
        texts.append(content)
        labels.append(title)
    return texts, labels

def load_sql(filename):
    texts=[]
    labels=[]
    df=pd.read_csv(filename)
    for index, row in df.iterrows():
        content=row['question_list'] + '|'+
```

```
        row['table_units_chinese_list'] + '|' + row['col_list']
        title=row['sql_query_chinese_list']
        texts.append(content)
        labels.append(title)
    return texts, labels
```

经过数据的导入（见代码清单2-1）和处理之后，原始文本进入第一个T5模型进行训练并进行了预测，预测会得到数据库。而自然语言问题作为每个T5模型的公共输入，会与上一层T5模型的输出合并作为下一个T5模型的输入。而自然语言问题、数据库以及第一个T5模型生成的表的表结构和列结构的Token形式，即第二个T5模型的输入，如图2-11所示。

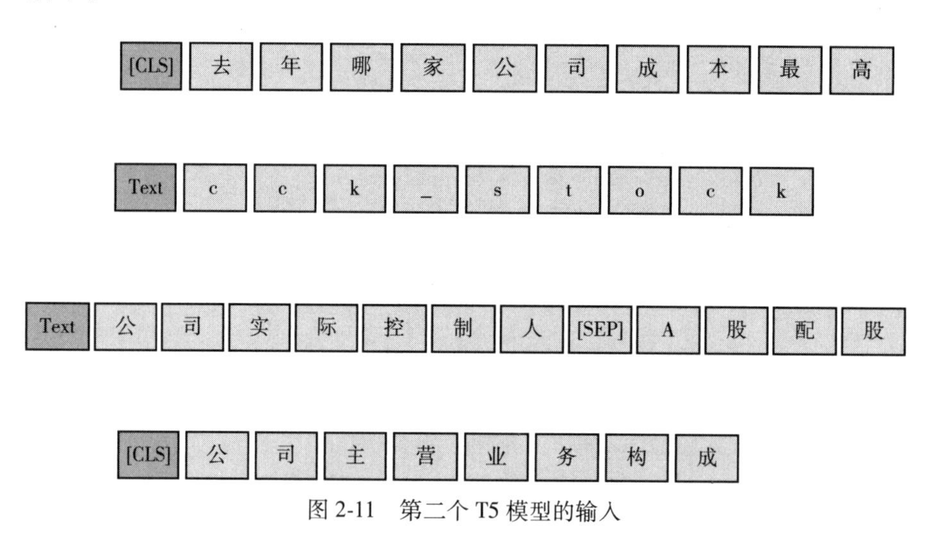

图2-11　第二个T5模型的输入

得到第二个T5模型的输入之后，将其输入第二个T5模型，将对应的输出作为第三个模型的输入，第二个T5模型输出得到的是与原始问题相关的数据库中的对应列，第二个T5模型的输入和输出如图2-12所示。

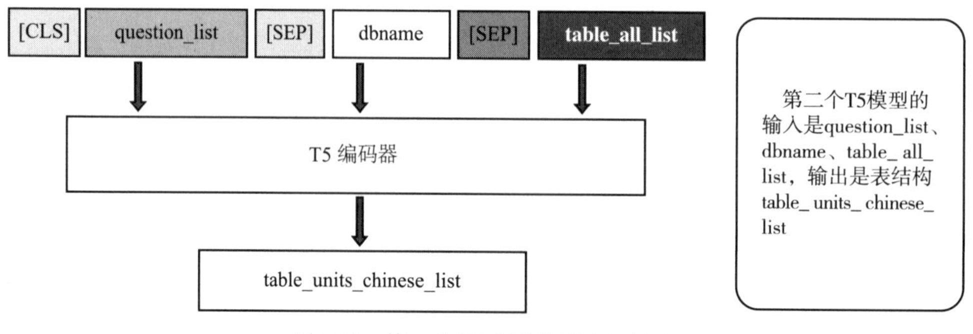

图2-12　第二个T5模型的输入和输出

load_sql 导入的同样是 CSV 文件，该文件导入的是最终的 SQL 语句。在第三个 T5 模型中，输入来源分别是原始问题、第一个 T5 模型生成的数据库、第二个模型生成的列结构。三者一起作为第三个 T5 模型的输入，最后将得到的 SQL 语句作为输出。

图 2-13 展示了第三个 T5 模型的输入，图 2-14 展示了第三个 T5 模型的输入与输出。

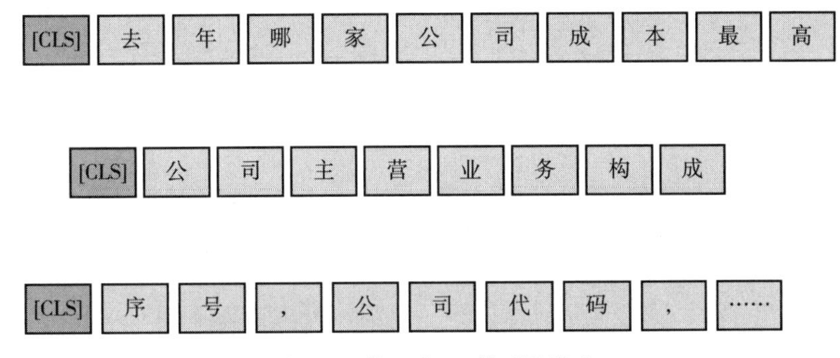

图 2-13　第三个 T5 模型的输入

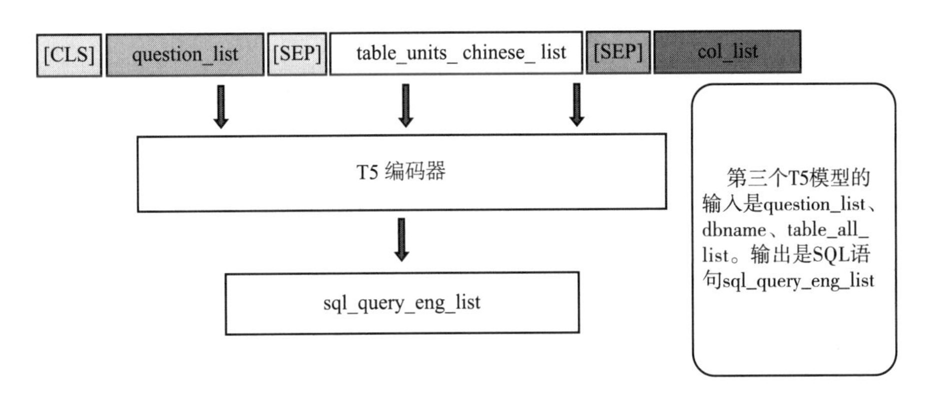

图 2-14　第三个 T5 模型的输入与输出

sql_query_chinese_list 就是最终所需要的 SQL 语句汇总，例如：

```
select 中文名称缩写 from 公司主营业务构成 where strftime('%Y', 截止日期) = strftime('%Y',
DATE('now', '-1 year')) order by 主营业务成本(元) desc limit 1;
```

第三个 T5 模型生成 SQL 语句的训练和推理过程如图 2-15 所示。

代码清单 2-2 展示了 T5 模型的训练流程以及数据来源。

在代码清单 2-2 中，train_T5_model 函数用来训练和保存 T5 模型，其中 input_text 和 output_text 表示输入与输出。输入与输出由前面的数据导入函数生成，我们采用了 3 个 T5 模型来学习，而 3 个模型的输入与输出是串联在一起的，前面已介绍过，不再赘述。prefix 是模型预测时的提示，类似于 prompt（提示词）思想，在 NL2SQL 问题上我们选择的是 NL2SQL 作为 Prompt 范式中的提示，用来引导模型得到我们想要的输出，而训练集和验证集采取 9∶1 的随机划分方式。

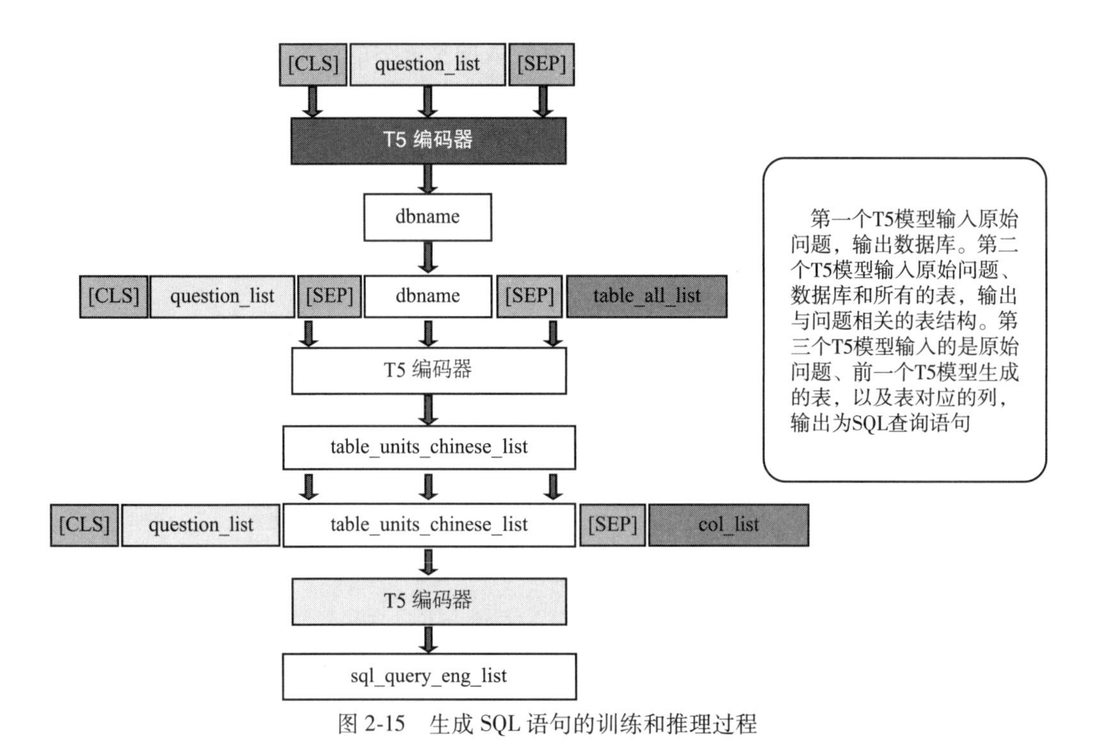

图 2-15　生成 SQL 语句的训练和推理过程

代码清单 2-2　T5 模型的训练流程以及数据来源

```
def train_T5_model(filename, model_path, max_seq_length,
    max_target_length, train_batch_size, best_model_dir):
    # T5 模型微调的训练函数，以及第三个 T5 模型的训练函数
    input_text, output_text = load_sql(filename)
# input_text 和 output_text 分别是 T5 的输入和输出
    df = pd.DataFrame({"prefix":['NL2SQL' for i in range(len(input_text))], "input_text":
        input_text, "target_text":output_text})
    # 将列表形式的 input_text 和 output_text 封装在 DataFrame 里
    random.seed(1)
    df = df.sample(frac = 1).reset_index(drop = True)
    train_df = df[:int(len(df)* 0.9)]
    eval_df = df[int(len(df)* 0.9):]
    # 训练集和验证集的划分：训练集占比 0.9，验证集占比 0.1

    input_max_len_train = max([len(t) for t in
    list(train_df['input_text'])])
    target_max_len_train = max([len(t) for t in
        list(train_df['target_text'])])
    # 训练集和标签的最大长度
    print(f"max_len of train_input: {input_max_len_train}")
    print(f"max_len of train_target: {target_max_len_train}")

    cache_dir = "./cache_dir/mt5-base"
```

```
    if not os.path.exists(cache_dir):
        os.mkdir(cache_dir)
    model_args=T5Args() #模型参数
    model_args.manual_seed=2022
    model_args.max_seq_length=max_seq_length #最大输入长度
    model_args.max_length=max_target_length #最大标签长度
    model_args.train_batch_size=train_batch_size #训练集的批次大小
    model_args.eval_batch_size=8 #验证集的批次大小
    model_args.num_train_epochs=50 #训练轮次
    model_args.evaluate_during_training=True
    model_args.evaluate_during_training_steps=-1
    model_args.use_multiprocessing=False
    model_args.use_multiprocessing_for_evaluation=False
    model_args.use_multiprocessed_decoding=False
    model_args.fp16=False
    model_args.gradient_accumulation_steps=1
    model_args.save_model_every_epoch=True
    model_args.save_eval_checkpoints=False
    model_args.reprocess_input_data=True
    model_args.overwrite_output_dir=True
    model_args.output_dir="./t5_output/"
    model_args.best_model_dir=best_model_dir
    model_args.preprocess_inputs=False
    model_args.num_return_sequences=1
    model_args.cache_dir=cache_dir
    model_args.evaluate_generated_text=False
    model_args.learning_rate=1e-4 #学习率
    model_args.num_beams=1
    model_args.do_sample=False
    model_args.top_k=50
    model_args.top_p=0.95
    model_args.scheduler="polynomial_decay_schedule_with_warmup"
    model_args.use_early_stopping=True #早停机制
    #model_args.use_auth_token=True
    model=T5Model("mt5", model_path, args=model_args)

    #Train the model
    model.train_model(train_df, eval_data=eval_df)
    #模型训练

    #Optional: Evaluate the model. We'll test it properly anyway.
    #results=model.eval_model(eval_df, verbose=True)
    #模型验证

train_T5_model(filename='../data/train_data.csv',
model_path='../model/pretrained_model', max_seq_length=512,
max_target_length=263, train_batch_size=8,
best_model_dir='./t5_output/sql_best_model') #模型保存
```

model_args是一个定义模型参数的容器，用来存放微调T5模型所需要的参数。max_seq_length和max_length是我们定义的输入与输出的最大长度。我们分别选择的是512和263。与一般的Transformer一样，输入长度为512，输出长度要根据实际情况来决定。一般SQL语句长度相对较短，263也是根据我们生成SQL的最大长度来设置和调整。

学习率选择的是1e-4，训练批次选择的是50，以保证模型能充分学习到SQL语句的表征结构。训练的batch_size选择的是8。“./t5_output/sql_best_model”是模型训练后的保存路径，微调训练结束后就可以导入模型进行推理。

训练的具体操作如下。我们用load_sql方法读取dataframe（.csv文件）中的数据，用list形式作为模型输入，将df划分为train_df和eval_df，而model=T5Model("mt5", model_path, args=model_args)是从simpletransformers库中调用的T5微调的模型。模型路径model_path是“../model/pretrained_model”，args是之前定义的各种模型参数。model.train_model用来训练模型，而model.eval_model用来验证模型效果。train_T5_model函数来启动训练和验证，best_model_dir是模型的最后保存路径。

代码清单2-3展示了T5模型的推理流程，也就是生成SQL语句的过程，具体推理步骤在代码清单后会进行详细的说明。

代码清单2-3　T5模型推理流程

```
import json
import pandas as pd
import torch
import logging
import os
from simpletransformers.t5 import T5Model, T5Args

os.environ['CUDA_VISIBLE_DEVICES'] = "0"
device=torch.device('cuda')

class Read_json_mine():

    def __init__(self, file_path):
        self.file_path=file_path

    def read_json(self):
        return json.load(open(self.file_path, 'r', encoding="utf-8"))

def generate_dbname(dev_read):

    model=T5Model("mt5", "./t5_output/dbname_best_model",
        args=model_args)
    db_name_list=[]
    for dev_data in dev_read.read_json():
        text=dev_data['question']
        db_name_list.append(text)
```

```
    pred_list=model.predict(db_name_list)
    print('dbname 预测完成，长度为：', len( pred_list))

    return pred_list

def generate_table(dev_read, db_name_list, db2table):

    model=T5Model("mt5", "./t5_output/table_best_model",
       args=model_args)
    table_list=[]
    for i, dev_data in enumerate(dev_read.read_json()):
       # 通过 db2table 映射字典获得当前样本对应的所有表名，并拼接在自然语言问题后面
       text =dev_data['question'] + '|'+
            ','.join(db2table[db_name_list[i]])
       table_list.append( text)

    pred_list=model.predict(table_list)
    for i in range( len( pred_list)):
       temp=[x.strip() for x in pred_list[i].split(",") if x.strip() != '']
       pred_list[i]=temp

    print('table 预测完成，长度为:', len( pred_list))
    print(pred_list)

    return pred_list

def generate_sql(dev_read, tables, cols):

    model=T5Model("mt5", "./t5_output/sql_best_model",
        args=model_args)
    sql_list=[]
    for i, dev_data in enumerate(dev_read.read_json()):
       # print(cols)
       # 拼接预测数的表名和列名
       text =dev_data['question'] +'|'+','.join(tables[i]) +'|'+ cols[i]
       sql_list.append(text)
       # 测试 100 条
    pred_list=model.predict(sql_list)
    print( 'SQL 预测完成，长度为：', len(pred_list))
    return pred_list
# 通过表名，返回该表名下的所有列名
def table2col(tables):
    zhtable2col={}
    en2zh={}
    zh2en={}
    db_dict=Read_json_mine( '../data/db_info.json ')
    for db_in db_dict.read_json():
       for table in db_['table_name']:
          if table[0].lower() not in en2zh:
```

```
                en2zh[table[0].lower()]=table[1]
            if table[1] not in zh2en:
                zh2en[table[1]]=table[0].lower()
        for column_info in db_['column_info']:
            if en2zh[column_info['table'].lower()] not in zhtable2col:
                temp = ''
                for i in range(1, len(column_info['columns'])):
                    temp += column_info['column_chiName'][i] + ','
                zhtable2col[en2zh[column_info['table']]]=temp[:-1]

    cols=[]
    for table in tables:
        temp = ''
        for tb in table:
            temp += zhtable2col[tb] + ','
        cols.append(temp[:-1])

    return cols
def dbname2table():
    db2table={}
    db_dict=Read_json_mine('../data/db_info.json')
    for db_in db_dict.read_json():
        temp=[]
        if db_['db_name '] not in db2table:
            for i, table in enumerate(db_['table_name']):
                temp.append(table[1])
            db2table[db_['db_name']]=temp
    return db2table

if __name__ == '__main__':
    logging.basicConfig(level=logging.INFO)
    transformers_logger=logging.getLogger("transformers")
    transformers_logger.setLevel(logging.WARNING)
    cache_dir="cache_dir/mt5-base"
    if not os.path.exists(cache_dir):
        os.mkdir(cache_dir)
    model_args=T5Args()
    model_args.manual_seed=2022
    model_args.max_seq_length=512
    model_args.max_length=220
    model_args.train_batch_size=8
    model_args.eval_batch_size=4
    model_args.num_train_epochs=30
    model_args.evaluate_during_training=True
    model_args.evaluate_during_training_steps=-1
    model_args.use_multiprocessing=False
    model_args.use_multiprocessing_for_evaluation=False
    model_args.use_multiprocessed_decoding=False
    model_args.fp16=False
```

```
model_args.gradient_accumulation_steps=1
model_args.save_model_every_epoch=False
model_args.save_eval_checkpoints=False
model_args.reprocess_input_data=True
model_args.overwrite_output_dir=True
model_args.output_dir="./t5_output/"
model_args.best_model_dir=
    "./t5_output/checkpoint-22350-epoch-50"
model_args.preprocess_inputs=False
model_args.num_return_sequences=1
model_args.cache_dir=cache_dir
model_args.evaluate_generated_text=False
model_args.learning_rate=5e-4
model_args.num_beams=1
model_args.do_sample=False
model_args.top_k=50
model_args.top_p=0.95
model_args.scheduler="polynomial_decay_schedule_with_warmup"
model_args.use_early_stopping=False

dev_read=Read_json_mine('../data/dev.json')
db_name_list=generate_dbname(dev_read)  #生成dbname
db2table=dbname2table()  #db2table是数据库到表的映射字典
table_list=generate_table(dev_read, db_name_list, db2table)  #生成表
cols=table2col(table_list)  #zh2en是中文表名到英文表名的字典，cols是table_list对应
                            #的col_list
sql_list_=generate_sql(dev_read, table_list, cols)
```

函数 generate_sql(dev_read,table_list,cols)用来生成 SQL 语句，表名和列名都对于模型推理部分的代码。generate_dbname 函数用来生成数据库，这是第一个 T5 模型的输出，即由自然语言问题得到与自然语言问题相关的数据库。generate_table 函数用来生成表结构，即通过第二个 T5 模型来得到与问题相关的表和列。generate_sql 函数通过第三个 T5 模型来生成需要的 SQL 语句。dl2table 和 table2col 是两个转换函数，它们将模型得到的文本输出转换成需要的表结构和列，进而生成需要的 SQL 语句。

2.6　本章小结

本章内容涉及机器翻译技术在自然语言转化 SQL 查询语句（NL2SQL）问题中的应用，以及与其相关的两种模型（SQLNet 模型和 T5 模型）的原理与应用。

CHAPTER3

第3章

基于模板填充的语义解析技术

模板填充是一种常见的 NL2SQL 方法。它通过将 SQL 语法规则定义为一套模板，然后根据自然语言问句中的信息填充到相应的槽位中，从而生成相应的 SQL 查询语句。这种方法类似于完形填空，但其实现过程更为复杂，需要考虑 SQL 查询语句的语法规则和语义信息。

模板填充法主要应用于基于规则的 NLP 任务中，例如基于模板的问答系统、基于模板的信息提取系统、基于模板的语义解析系统等。在这些应用场景中，模板填充法可以通过事先准备好的模板，根据自然语言问句中的信息，自动填充相应的槽位，生成相应的 SQL 查询语句或者其他形式的输出结果。

与此同时，模板填充法也是 NL2SQL 方法中的一种主流技术路线。以 X-SQL 为例，模板填充法的语义解析技术主要包括以下几个步骤。首先，将自然语言问句进行分词，并识别出问句中的关键词和实体，并将其映射到相应的模板中。其次，根据模板中定义的槽位，将语义信息填充到相应的位置；最后，根据填充后的模板生成相应的 SQL 查询语句。

本章主要介绍以下两方面的内容：一是意图识别和模板填充（槽位填充）及其主要应用；二是将以 X-SQL 为例介绍模板填充法的语义解析技术。

3.1 意图识别和槽位填充

意图识别和槽位填充是 NLP 中的两个重要任务，它们通常用于实现对话系统、问答系统、语音识别和机器翻译等应用。

意图识别是指从自然语言中抽取出用户意图的过程。意图识别通常使用监督学习方法，训练数据集包括大量的语句和对应的意图标签，模型通过学习这些数据来预测新的语句的意图。常用的模型包括传统的机器学习算法（如朴素贝叶斯、支持向量机等），以及深度学习模型（如循环神经网络、卷积神经网络等）。意图识别的准确性对实现成功的对话系统、问答系统等应用至关重要。

槽位填充是指从自然语言中抽取出相关实体和属性的过程。在对话中，用户可能会提供一些实体和属性相关的信息，这些信息用于构建相应的查询或响应。槽位填充是从自然语言中自动提取出这些信息的过程。槽位填充通常要结合意图识别，通过先识别用户的意图，再从自然语言中提取出相关的实体和属性信息。常用方法包括基于规则的方法和基于机器学习的方法。基于规则的方法通过手动定义一些规则来提取实体和属性信息，但其局限性在于规则的设计需要进行大量的人工工作，且难以处理复杂的语言表达。基于机器学习的方法则可以自动学习如何提取实体和属性信息，但需要大量的标注数据和复杂的模型。

3.1.1　意图识别和槽位填充的步骤

在问答系统中，一般的系统主体结构如图 3-1 所示。因为主体结构和流程清晰，不再赘述。

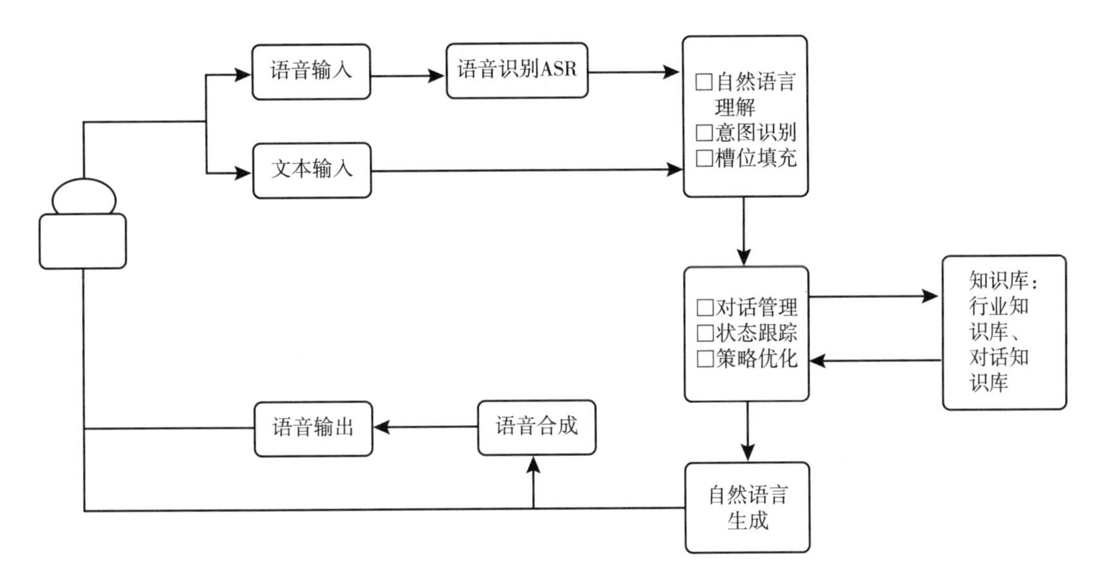

图 3-1　问答系统

在图 3-1 中，自然语言理解模块又分为两个部分，分别是意图识别和槽位填充。顾名思义，意图识别是指识别用户要问的是什么（属于哪一个领域），比如天气、旅游地点、订酒店、订火车票等。在进行自然语言处理时，大部分工作是把一个非结构化数据（比如自然语言输入的数据）通过模型识别成结构化的数据。

所以在意图识别之后的槽位填充需要先根据业务需求定义要输出的数据结构，即槽位结构。例如，用户要订一张火车票，就有几个关键要素：时间、起点、终点、车次、车型等。根据业务场景细化，还有尽量早点出发还是晚点出发，以及座位类型等。槽位填充模块旨在识别用户输入语句中对应我们事先定义好的语义槽位的具体信息。比如，用户输入“帮我订一张明天早上七点从武汉到北京的高铁票”，通过槽位填充模块就可以识别其中的几个关键要素。

1）起点：武汉。

2）终点：北京。

3）时间：明天早上7点。

4）车型：高铁。

识别了槽位信息之后就可以比较精确地锁定用户的需求，将用户的自然语言输入转化为结构化数据，输入到系统中进行查询。

3.1.2 如何进行意图识别和槽位填充

意图识别一般是采用文本分类的思路来做，其工程化方法主要分为几种。

1）**模板匹配方法**。比如在上文的业务场景中，我们要区分几个领域的内容：天气、旅游地点、订酒店、订火车票，可以将用户输入的关键词整理成正则表达式进行匹配。该方法的好处是匹配速度快、效率高，如果系统上线之后用户输入数据积累较多，则可以整理出大部分的模板以供后续使用。该方法的缺点是泛化能力较差，可能匹配不上长尾分布的数据，另外不能用于通用领域，只能用于垂直领域。

2）**统计机器学习方法**。该方法主要依赖于文本挖掘的人工特征，比如TF-IDF、n-gram特征，积累了数据之后可以通过文本词频和标记的相关性获得这一类特征。统计机器学习方法相比模板匹配方法的优势在于：不依赖于人工构建的模板，能从大量的数据中自动化地获取经验知识，因此泛化能力较好。

3）**深度神经网络方法**。该方法主要使用端到端的神经网络建模用户输入和分类标签的关系，比如用Text-CNN、BERT等预训练模型进行文本分类。该方法的效果取决于标记数据的质量和分布，总体来说，准确性和泛化性能要比上述两种方法好，其缺点是比较消耗算力和硬件资源。

在进行意图识别的时候，工业界一般在业务的不同阶段会采用上面3种方法的融合策略。在业务上线之前没有太多标记数据，可以先用模板匹配方法启动业务。随着数据积累程度的逐步提升，可以使用统计机器学习的方法覆盖一部分模板匹配方法匹配不到的用户输入。当数据、硬件资源、标记人员到位之后，根据业务发展情况决定是否要采用深度学习方法进一步提升意图识别的效果。

槽位填充一般是采用命名实体识别的方式来完成的。比如，用户输入"帮我订一张明天早上7点从武汉到北京的飞机票"。实体识别和槽位填充标注如图3-2所示。

	武	汉	到	北	京	的	飞	机	票
命名实体识别	B-city	I-city	O	B-city	I-city	O	O	O	O
槽位填充标注	B-dept	I-dept	O	B-arr	I-arr	O	O	O	O

图3-2 实体识别和槽位填充标注

我们可以通过命名实体识别的模型来得到几个关键要素，然后填充到对应的语义槽位中。

BERT可以同时完成意图识别和槽位填充的任务，可以输出一个序列向量，也可以输出单个标签，如图3-3和图3-4所示。

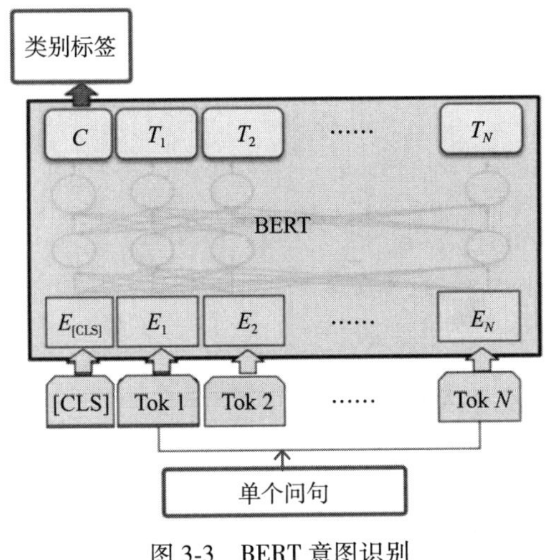

图 3-3　BERT 意图识别

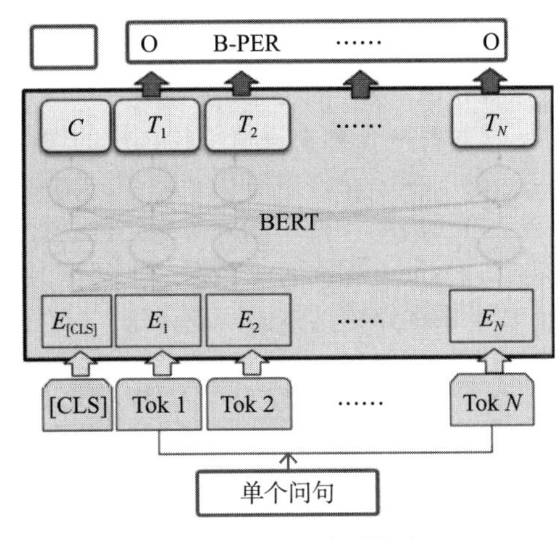

图 3-4　BERT 序列标注

我们可以利用 BERT 的特性来完成意图识别和槽位填充，其中槽位填充采用的是基于 BERT 的序列标注方法来完成。我们把句子的槽位当作要预测的标签，即把槽位当作 Token 来进行预测，同时在分类标签（也就是 CLS）处输出句子的分类，即识别句子的意图，输入 $\boldsymbol{X}$ 和输出 $\boldsymbol{H}$ 分别如式（3-1）和式（3-2）所示。

$$\boldsymbol{X} = (\boldsymbol{x}_1, \cdots, \boldsymbol{x}_T) \tag{3-1}$$

$$\boldsymbol{H} = (\boldsymbol{h}_1, \cdots, \boldsymbol{h}_T) \tag{3-2}$$

式（3-1）代表模型的输入，而式（3-2）代表的是模型的序列输出。其中，$\boldsymbol{x}_1$ 代表的是用于意图识别（文本分类）的语义向量，$\boldsymbol{x}_2$，…，$\boldsymbol{x}_T$ 代表用于序列标注的语义向量，$\boldsymbol{h}_l$ 代表的是意图识别（文本分类）的输出，而 $\boldsymbol{h}_2$，…，$\boldsymbol{h}_T$ 代表的是序列标注的输出，即代表的是槽位填充。而意图识别和槽位填充任务的目标函数分别如式（3-3）和式（3-4）所示。

$$\boldsymbol{y}^i = \text{Softmax}(\boldsymbol{W}^i \boldsymbol{h}_1 + \boldsymbol{b}^i) \tag{3-3}$$

$$\boldsymbol{y}_n^s = \text{Softmax}(\boldsymbol{W}^s \boldsymbol{h}_n + \boldsymbol{b}^s), n \in 2, \cdots, N \tag{3-4}$$

其中 $\boldsymbol{y}^i$ 和 $\boldsymbol{y}_n^s$ 分别代表意图识别和槽位填充任务的最终输出语义向量，$\boldsymbol{W}^i$、$\boldsymbol{W}^s$、$\boldsymbol{b}^i$、$\boldsymbol{b}^s$ 为矩阵运算的权重和偏置向量。

$$p(\boldsymbol{y}^i, \boldsymbol{y}^s | \boldsymbol{x}) = p(\boldsymbol{y}^i | \boldsymbol{x}) \cap p(\boldsymbol{y}_n^s | \boldsymbol{x}), n \in 1, \cdots, N \tag{3-5}$$

式（3-5）代表的是意图识别和槽位填充的联合目标函数，其中 $\boldsymbol{y}$ 为输入句子经过编码层所形成的表征向量。意图识别和槽位填充的损失函数都是交叉熵损失函数，此处使用联合目标函数作为优化目标就可以利用 BERT 模型，同时完成意图识别和槽位填充的任务。

接下来介绍意图识别和槽位填充是如何应用于语义解析技术中的。对于一个单表提问且没有 SQL 嵌套结构的 NL2SQL 问题来说，可以把意图定义为判断目标语句是否存在查询意图。总体来说，槽位填充的目标如下。

1）该 SQL 中提到了哪些列。

2）每一个列上进行了什么样的聚合操作。

3）where 条件中有哪些列。

4）where 条件中的列与列之间是什么关系，and 还是 or。

5）where 里面每个列对应的过滤条件的值是什么。

下面将介绍具体的实现算法。

3.2 基于 X-SQL 的模板定义与子任务分解

针对 NL2SQL 问题，有研究者提出了一种新的网络架构 X-SQL，利用自编码风格的预训练模型（MT-DNN）的上下文输出来增强结构模式的表示。

因为 SQL 语法的一部分受限于结构化数据模式的类型，例如聚合器只与数字列一起出现，而不能与字符串类型的列一起出现，所以必须要对其进行约束。X-SQL 包含 3 层结构：句子编码层、上下文增强模式编码器、输出层。

第一层结构是句子编码层。在该结构中，我们为表的每列增加一个特殊的 Token，表示这一列所保存的数据类型。

第二层结构是上下文增强模式编码器。上下文增强模式编码器用于增强在序列编码器得到的分类编码向量 $\boldsymbol{H}_{\text{ctx}}$。虽然序列编码器的输出已经捕获了某种程度的上下文，但因为自注意力机制的关系，编码器往往只关注某些区域，难以有效地对全文的信息进行充分利用。另外，分类编码向量捕获的全局上下文信息具有多样性，因此需要一种结合上下文语义信息的增强表示 $\boldsymbol{H}_{\text{ci}}$。

第三层结构是输出层，负责完成 SQL 语句的生成，该任务又分为 6 个子任务：预测查询目标列（S-COL）、预测查询聚合操作（S-AGG）、预测条件个数（where-number）、预测条件列（where-column）、预测条件运算符（where-operator）、预测条件目标值（where-value）。这 6 个子任务构成了模板填充法的主要流程。每个子任务首先使用下面的子网络结构得到 $\boldsymbol{H}_{\text{ci}}$ 和 $\boldsymbol{H}_{\text{ctx}}$ 的融合子表征向量 $\boldsymbol{R}_{\text{ci}}$，输出层的子任务网络结构如图 3-5 所示。

注意，每个子任务都具有一个如图 3-5 所示的子网络。计算是针对每个子任务单独进行的，以便更好地将 NL2SQL 中的数据库信息与每个子任务应该关注的自然语言问题的特定部分对齐。

下面就来分别介绍 6 个子任务的执行。

第 1 个任务为**预测查询目标列**，使用前面得到的问题表征向量 $\boldsymbol{R}_{\text{ci}}$ 来完成这个子任务，使用 Softmax 函数来找到最可能的列。求查询目标列为 ci 的概率：将 $\boldsymbol{R}_{\text{ci}}$ 乘以一个参数矩阵 $\boldsymbol{W}^{\text{S-COL}}$，之后通过 Softmax 激活函数进行非线性变换之后，得到 ci 列的概率。将所有列的概率值排序后可以得到概率最大的列，即最可能符合要求的目标列。

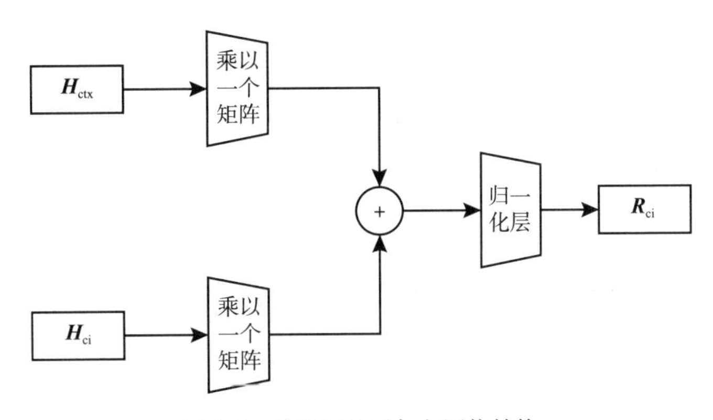

图 3-5　输出层的子任务网络结构

第 2 个子任务为**预测查询聚合操作**，表示对第一个子任务获取的列进行聚合函数操作，比如 min、max 等。当然，对某些类型的列来说，在应用聚合函数时需要进行特殊处理，例如字符串类型的列不可以使用 min、max 等聚合函数。因此，我们需要显式地将第一个任务得到的列类型 Ectype 嵌入到模型中。通过给第一个任务增加类型约束，这样第二个任务预测的函数操作要适配第一个任务得到的列类型。

其余 4 个任务一起决定了 SQL 语句的 where 部分，具体如下。

第 3 项任务为**预测条件个数**：决定了对表的多少列进行约束。

第 4 项任务为**预测条件列**：表示对表的具体哪几列进行约束。

第 5 项任务为**预测条件运算符**：表示对选中列使用的操作符，比如>、<、=等。

第 6 项任务为**预测条件目标值**：表示对选中列进行约束的值。

其中，第 4~6 项任务依赖于预测条件个数，因此这 3 项任务只需取 Softmax 函数的最大值即可。第 4、5 项任务也是相互依赖的。字符串类型的列无法使用“<”或者“>”，但笔者认为这样处理后，效果并没有过多改善，因此我们可不进行约束。

为了得到查询的目标值，第 6 项任务需要从查询的语句获取相关信息，所以需要预测 where 语句的过滤条件值在查询语句中的起始位置。

至此，X-SQL 的 3 层模型结构就介绍完成了。

3.3　本章小结

本章主要介绍了模板填充法的原理和操作步骤，并对这种方法的应用场景进行了探讨。模板填充法是一种将模板与数据相结合的技术，通过填充模板中的空缺部分来生成所需的输出。在购票这样的场景下，模板填充法可以被用来生成包含座位号、票价等信息的购票凭证。

CHAPTER4

第4章

基于强化学习的语义解析技术

强化学习（Reinforcement Learning，RL）是机器学习中的一种方法。其目标是让机器在与环境进行交互的过程中，通过试错来学习如何做出最优的决策。在强化学习中，机器能够接收到外部的奖励或惩罚信号，并根据这些信号来调整其行为，以便在未来得到更多的奖励。

在强化学习的框架下，机器学习任务被看作一个智能体与环境进行交互的过程。智能体通过观察当前的环境状态，选择一个动作来执行，然后得到一个奖励或惩罚信号，并将其记忆下来。智能体根据已有的记忆和当前的环境状态，决定下一步要采取的动作。这个过程不断重复，直到智能体学会了如何做出最优的决策。

强化学习的核心思想是“试错学习”，即智能体可以通过与环境的交互来不断尝试不同的行为，并根据奖励或惩罚信号来调整自己的策略，以达到最优的效果。在这个过程中，强化学习算法需要解决“探索-利用”问题，即在学习过程中权衡如何尝试新策略和利用已有策略。

强化学习在多个领域中有广泛的应用，例如机器人控制、游戏 AI、自然语言处理等。通过强化学习，机器可以从与环境不断交互的过程中学习到最优的策略，以便在未来的任务中取得更好的效果。

4.1 Seq2Seq 中的强化学习知识

Seq2Seq 是解决序列问题的一种通用算法框架，在文章摘要、标题生成、对话系统、语音识别、图像转文本等领域都有广泛的应用（参见 2.2 节）。Seq2Seq 本身亟待解决的问题如下。

1）暴露偏差：这个问题可以简单理解为“一步错，步步错”，只要解码器某个时刻的输出是错误的，那会导致后面整个序列都是错误的。

2）训练和评估不匹配：在训练阶段选用交叉熵损失方法进行模型训练，在预测阶段会选用 ROUGE 等方法来评估模型，这就导致了不匹配的问题，即交叉熵损失最小的模型并不一定在 ROUGE 评估中是效果最好的，而通过 ROUGE 等方法评估得到的最好的模型，并不一定能使交叉熵损失最小。

强化学习可以帮助 Seq2Seq 模型在解码过程中动态地调整模型，减小暴露偏差。该方案中强化学习的三大要素分别定义如下。

状态（State）：在解码阶段，时刻 t 的状态定义为前面已经选择的 $t-1$ 个单词和当前模型的输入。

动作（Action）：动作是根据某种策略选择一个单词作为时刻 t 的输出。

奖励（Reward）：奖励要考虑立即的奖励和未来的奖励。这里的奖励可以理解为当生成整个句子之后通过 ROUGE 等评估方法得到的反馈，该反馈就作为一个轨迹（Trajectory）奖励。

在实际结合过程中，以策略梯度（Policy Gradient）作为强化学习框架为例是为了提高模型的收敛速度。首先使用交叉熵损失函数预训练模型。当模型初步训练好后，每次训练采样 N 个序列，每次训练时，基于当前的模型采样得到 N 个完整的序列。采样基于解码器在时刻 t 的输出，是经过 Softmax 函数处理后的结果，该结果将作为下一时刻的输入。每次训练只采样一个序列，但是这对模型来说方差非常大，因为不同的序列得到的奖励差别很大，模型的方差自然也很大。通过 ROUGE 等方法得到奖励并训练是为了保证训练和预测时的模型的一致性。我们通过 ROUGE 等方法得到这批序列的奖励，并使用下式所示的损失函数 $\mathcal{L}_\theta$ 作为学习目标进行模型的训练：

$$\mathcal{L}_\theta = \frac{1}{N}\sum_{i=1}^{N}\sum_{t}\log\pi_\theta(w_{i,t} | \hat{w}_{i,t-1}, s_{i,t}, c_{i,t-1}) \times (r(\hat{w}_{i,1}, \cdots, \hat{w}_{i,T}) - r_b)$$

式中：

N：表示有 N 个训练样本。

r：表示奖励函数。

$\hat{w}_{i,t}$：表示在第 i 个样本中，第 t 个时刻模型对动作选择的结果。

$\hat{w}_{i,T}$：表示在第 i 个样本中，模型生成序列长度为 T 时所选择的动作。

$s_{i,t}$：表示在第 i 个样本中，第 t 个时刻样本的环境状态。

$c_{i,t-1}$：表示在第 i 个样本中，第 $t-1$ 个时刻样本的上下文信息。

r_b：表示样本奖励均值。

T：表示模型序列生成的长度。

π_θ：θ 为模型的参数；π 表示模型，即策略函数。

但在实践过程中，基于强化学习的 Seq2Seq 方案会有比较大的问题，即策略梯度方差较大。不过已经有非常多的工作尝试解决该问题，如添加基线、分配合适的分数，以及采用 TD 时序差分采样来替换蒙特卡罗法等。但这些方法应用到 Seq2Seq 方案上并不适用，MAPO 提出了一种新的经验回放（Experience Replay）来构造记忆内存（Memory Buffer）的思路，并在经典语义解析问题中进行了实践，验证了该方案的有效性。

4.2　SCST 模型

SCST 是 IBM Watson 提出的图像说明（Image Captioning）模型。SCST 是强化学习算法的一个变种，利用自己的测试阶段推理算法来对奖励进行标准化处理，即强化学习算法提供了一个更有效的基线。

4.2.1 SCST模型简介

在序列到序列问题中，暴露偏差问题是指在训练时使用标注数据文本而非生成的词语作为先验知识。而在测试时则依赖自己生成的单词，一旦生成的单词质量不佳就会导致误差累积，最终导致出现暴露偏误。传统的Teacher Forcing方法在训练时使用标注数据作为输入，而在生成时使用模型自己的输出作为输入，以此来防止出现暴露偏差问题。

SCST模型旨在解决序列到序列问题中的暴露偏差问题。SCST采用强化学习算法，通过利用自己的测试时间推理算法的输出来归一化在强化学习训练过程中的奖励。它并不估计或归一化奖励信号，而只是在当前测试时间内，将优于系统性能的样本赋予正向权值，并抑制对当前训练过程影响不大的样本。

4.2.2 SCST模型框架

SCST算法可以分解为以下计算。

- 前向传播：模型将序列作为输入，并生成一系列单词，然后使用生成的单词来计算损失。
- 反向传播：使用反向传播计算损失相对于模型参数的梯度。
- 采样：使用模型对一系列单词进行采样，并使用采样序列来计算期望奖励。
- 基线计算：计算基线以减少期望奖励的方差。使用期望奖励的移动平均值来计算基线。
- 奖励计算：通过将采样序列与实际序列进行比较来计算采样序列的奖励。SCST使用CIDEr来计算奖励。CIDEr是一种用于评估图像字幕生成质量的指标。与其他指标不同，CIDEr不仅考虑了单词和短语的重叠度，还考虑了不同描述之间的一致性。SCST算法在使用CIDEr计算奖励时，需要将图像的输入改为序列的输入，而在输出测试过程中会使用CIDEr来评估生成序列的质量。代码清单4-8中的compute_reward函数封装了CIDEr的计算实现。
- 梯度计算：使用反向传播计算期望奖励相对于模型参数的梯度（使用奖励与基线之间的差异来计算）。

SCST中使用的Seq2Seq模型由编码器和解码器组成。编码器将序列作为输入并生成序列的表示。解码器以序列的表示作为输入，并生成一系列单词。

4.2.3 SCST代码实现

本小节分析SCST的代码实现。在代码中，data.txt表示标注数据存放的文件，标注数据文件包含两列：第一列是自然语言，第二列是希望得到的SQL语句，分别表示传统的输入和输出。标注数据读取代码如代码清单4-1所示。

代码清单4-1 标注数据读取

```
with open("data.txt", encoding="utf-8") as fin:
    for line in fin:
        #print(line)
```

```
        en, he=line[:-1].lower().split('\t')
        word, trans=(he, en) if MODE == 'he-to-en'else (en, he)
        # print(len(word))
        if len(word) < 3:
            continue
        if EASY_MODE:
            if max(len(word), len(trans)) > 20:
                continue
        word_to_translation[word].append(trans)

all_words=np.array(list(word_to_translation.keys()))
# get all unique lines in translation language
all_translations=np.array(list(set(
    [ts for all_ts in word_to_translation.values() for ts in all_ts])))

from sklearn.model_selection import train_test_split
train_words, test_words=train_test_split(
    all_words, test_size=0.1, random_state=42)
```

在代码清单 4-1 中，先将所有数据分为训练集和测试集。之后，代码清单 4-2 将输入和输出转化为词表中的 id。

代码清单 4-2　将输入/输出转化为词表中的 id

```
from voc import Vocab
inp_voc=Vocab.from_lines(''.join(all_words), bos=bos, eos=eos, sep='')
out_voc=Vocab.from_lines(''.join(all_translations), bos=bos, eos=eos, sep='')
```

代码清单 4-3 定义了 translate 函数，这个函数的功能是调用 Seq2Seq 模型将原始句子转化为 SQL 语句。

代码清单 4-3　translate 语句转换

```
def translate(lines, max_len=MAX_OUTPUT_LENGTH):
    """
    You are given a list of input lines.
    Make your neural network translate them.
    :return: a list of output lines
    """
    # Convert lines to a matrix of indices
    lines_ix=inp_voc.to_matrix(lines)
    lines_ix=torch.tensor(lines_ix, dtype=torch.int64)
    # Compute translations in form of indices
    trans_ix, _=model.translate(lines_ix)

    # Convert translations back into strings
    return out_voc.to_lines(trans_ix.data.numpy())
```

代码清单4-4定义了get_distance函数，用于计算生成的句子和真实句子间的距离，该函数输入真实标签和预测结果，计算出的距离用于评价模型效果。

代码清单4-4　计算距离

```
def get_distance(word, trans):
    """
    A function that takes word and predicted translation
    and evaluates (Levenshtein's) edit distance to closest correct translation
    """
    references=word_to_translation[word]
    assert len(references)!= 0, "wrong/unknown word"
    return min(editdistance.eval(trans, ref) for ref in references)
```

代码清单4-5定义了打分函数score，以对模型进行测试并评估模型效果。

代码清单4-5　打分函数测试

```
def score(words, bsize=100):
    """a function that computes levenshtein distance for bsize random samples"""
    assert isinstance(words, np.ndarray)
    print(len(words))
    batch_words=np.random.choice(words, size=bsize, replace=False)
    batch_trans=translate(batch_words)

    distances=list(map(get_distance, batch_words, batch_trans))

    return np.array(distances, dtype='float32')


def compute_loss_on_batch(input_sequence, reference_answers):
    """ Compute crossentropy loss given a batch of sources and translations """
    input_ sequence = torch. tensor ( inp _ voc. to _ matrix ( input _ sequence ), dtype =
        torch.int64)
    reference_answers = torch.tensor(out_voc.to_matrix(reference_answers), dtype =
        torch.int64)
    # Compute log-probabilities of all possible tokens at each step. Use model interface.
    logprobs_seq=model(input_sequence, reference_answers)
    # return reference_answers
    # compute elementwise crossentropy as negative log - probabilities of reference _
        answers.
    crossentropy=-\
        torch.sum(logprobs_seq*
                  to_one_hot(reference_answers, len(out_voc)), dim=-1)
    assert crossentropy.dim(
    ) == 2, "please return elementwise crossentropy, don't compute mean just yet"

    # average with mask
    mask=infer_mask(reference_answers, out_voc.eos_ix)
```

```
    loss = torch.sum(crossentropy * mask) /torch.sum(mask)

    return loss
```

代码清单 4-6 对模型进行有监督预训练，将训练得到的预训练模型交给后续强化学习算法来优化。

代码清单 4-6 模型预训练

```
for i in trange(20):
    loss = compute_loss_on_batch(* sample_batch(train_words, word_to_translation, 32))

    # train with backprop
    loss.backward()
    opt.step()
    opt.zero_grad()

    loss_history.append(loss.item())

    if (i+1) %REPORT_FREQ == 0:
        # clear_output(True)
        print(len(test_words))
        current_scores = score(test_words)
        editdist_history.append(current_scores.mean())
        print("llh = %.3f, mean score = %.3f" %
                (np.mean(loss_history[-10:]), np.mean(editdist_history[-10:])))
        plt.figure(figsize = (12, 4))
        plt.subplot(131)
        plt.title('train loss /traning time')
        plt.plot(loss_history)
        plt.grid()
        plt.subplot(132)
        plt.title('val score distribution')
        plt.hist(current_scores, bins = 20)
        plt.subplot(133)
        plt.title('val score /traning time (lower is better)')
        plt.plot(editdist_history)
        plt.grid()
        plt.show()

    seed = int(args['seed'])
    config_file = args['config_path']
    use_cuda = args['cuda']

    print(f'load config file [{config_file}]', file = sys.stderr)
    config = json.load(open(config_file))

    inject_default_values(config)
```

代码清单 4-7 使用测试集对有监督学习得到的预训练模型进行测试，并计算模型效果。

代码清单 4-7　测试并计算模型效果

```
test_scores=[]
for start_i in trange(0, len(test_words), 32):
    batch_words=test_words[start_i:start_i+32]
    batch_trans=translate(batch_words)
    print(batch_trans[0])
    print(batch_words[0])
    distances=list(map(get_distance, batch_words, batch_trans))
    test_scores.extend(distances)
```

代码清单 4-8 定义了两个函数：scst_objective_on_batch 函数，用于策略梯度训练；compute_reward 函数，用于计算奖励。

代码清单 4-8　奖励函数与策略梯度训练策略函数

```
def compute_reward(input_sequence, translations):
    """ computes sample-wise reward given token ids for inputs and translations """
    distances=list(map(get_distance,
                       inp_voc.to_lines(input_sequence.data.numpy()),
                       out_voc.to_lines(translations.data.numpy())))
    # use negative levenshtein distance so that larger reward means better policy
    return - torch.tensor(distances, dtype=torch.int64)

def scst_objective_on_batch(input_sequence, max_len=MAX_OUTPUT_LENGTH):
    """ Compute pseudo-loss for policy gradient given a batch of sources """
    input_sequence=torch.tensor(inp_voc.to_matrix(input_sequence), dtype=torch.int64)

    # use model to __sample__symbolic translations given input_sequence
    sample_translations, sample_logp=model.translate(input_sequence, greedy=False)

    # use model to __greedy__symbolic translations given input_sequence
    greedy_translations, greedy_logp=model.translate(input_sequence, greedy=True)

    # compute rewards and advantage
    rewards=compute_reward(input_sequence, sample_translations)
    baseline=compute_reward(input_sequence, greedy_translations)

    # compute advantage using rewards and baseline
    advantage =  rewards - baseline

    # compute log_pi(a_t|s_t), shape=[batch, seq_length]
    logp_sample=model(input_sequence, sample_translations)
    logp_sample, _=torch.max(logp_sample, 2)
    J=-logp_sample * advantage[:, None]
```

```
    assert J.dim()==2, "please return elementwise objective, don't compute mean just yet"

    # average with mask
    mask=infer_mask(sample_translations, out_voc.eos_ix)
    loss=- torch.sum(J * mask) /torch.sum(mask)

    return loss
```

代码清单 4-9 定义了策略梯度训练的过程。

代码清单 4-9　策略梯度训练

```
entropy_history=[np.nan] * len(loss_history)
opt=torch.optim.Adam(model.parameters(), lr=1e-5)

for i in trange(2000):
    loss=scst_objective_on_batch(
        sample_batch(train_words, word_to_translation, 32)[0])  # [0] = only
            source sentence

    # train with backprop
    loss.backward()
    opt.step()
    opt.zero_grad()

    loss_history.append(loss.item())
    # entropy_history.append(ent.item())

    if (i+1) % REPORT_FREQ == 0:
        # clear_output(True)
        current_scores=score(test_words)
        editdist_history.append(current_scores.mean())
        plt.figure(figsize=(12, 4))
        plt.subplot(131)
        plt.title('val score distribution')
        plt.hist(current_scores, bins=20)
        plt.subplot(132)
        plt.title('val score /traning time')
        plt.plot(editdist_history)
        plt.grid()
        plt.subplot(133)
        plt.title('policy entropy /traning time')
        #plt.plot(entropy_history)
        plt.grid()
        plt.show()
        print("J=%.3f, mean score=%.3f" %
              (np.mean(loss_history[-10:]), np.mean(editdist_history[-10:])))
```

代码清单4-10使用测试集对策略梯度训练后的模型进行测试，并打印模型效果评价。

代码清单4-10　测试并打印模型效果评价

```
test_scores = []
for start_i in trange(0, len(test_words), 32):
    batch_words = test_words[start_i:start_i+32]
    batch_trans = translate(batch_words)
    distances = list(map(get_distance, batch_words, batch_trans))
    test_scores.extend(distances)
print("Supervised test score:", np.mean(test_scores))
```

代码清单4-11定义了基础翻译网络模型。

代码清单4-11　基础翻译网络模型的定义

```
import torch
import torch.nn as nn
import torch.nn.functional as F

# Note: unlike official PyTorch tutorial, this model doesn't process one sample at a time
# because it's slow on GPU.  Instead it uses masks just like ye olde Tensorflow.
# it doesn't use torch.nn.utils.rnn.pack_paded_sequence because reasons.

class BasicTranslationModel(nn.Module):
    def __init__(self, inp_voc, out_voc,
                 emb_size, hid_size,):
        super(self.__class__, self).__init__()
        self.inp_voc = inp_voc
        self.out_voc = out_voc

        self.emb_inp = nn.Embedding(len(inp_voc), emb_size)
        self.emb_out = nn.Embedding(len(out_voc), emb_size)
        self.enc0 = nn.GRU(emb_size, hid_size, batch_first = True)
        self.dec_start = nn.Linear(hid_size, hid_size)
        self.dec0 = nn.GRUCell(emb_size, hid_size)
        self.logits = nn.Linear(hid_size, len(out_voc))

    def encode(self, inp, ** flags):
        """
        Takes symbolic input sequence, computes initial state
        :param inp: input tokens, int64 vector of shape [batch]
        :return: a list of initial decoder state tensors
        """
        inp_emb = self.emb_inp(inp)
        enc_seq, _ = self.enc0(inp_emb)

        # select last element w.r.t. mask
```

```
        end_index = infer_length(inp, self.inp_voc.eos_ix)
        end_index[end_index >= inp.shape[1]] = inp.shape[1] - 1
        enc_last = enc_seq[range(0, enc_seq.shape[0]), end_index.detach(), :]

        dec_start = self.dec_start(enc_last)
        return [dec_start]

    def decode(self, prev_state, prev_tokens, **flags):
        """
        Takes previous decoder state and tokens, returns new state and logits
        :param prev_state: a list of previous decoder state tensors
        :param prev_tokens: previous output tokens, an int vector of [batch_size]
        :return: a list of next decoder state tensors, a tensor of logits [batch, n_
            tokens]
        """
        [prev_dec] = prev_state

        prev_emb = self.emb_out(prev_tokens)
        new_dec_state = self.dec0(prev_emb, prev_dec)
        output_logits = self.logits(new_dec_state)

        return [new_dec_state], output_logits

    def forward(self, inp, out, eps=1e-30, **flags):
        """
        Takes symbolic int32 matrices of hebrew words and their english translations.
        Computes the log-probabilities of all possible english characters given english
            prefices and hebrew word.
        :param inp: input sequence, int32 matrix of shape [batch,time]
        :param out: output sequence, int32 matrix of shape [batch,time]
        :return: log-probabilities of all possible english characters of shape [bath,
            time,n_tokens]

        Note: log-probabilities time axis is synchronized with out
        In other words, logp are probabilities of __current__output at each tick, not
            the next one
        therefore you can get likelihood as logprobas * tf.one_hot(out,n_tokens)
        """
        device = next(self.parameters()).device
        batch_size = inp.shape[0]
        bos = torch.tensor(
            [self.out_voc.bos_ix] * batch_size,
            dtype = torch.long,
            device = device,
        )
        logits_seq = [torch.log(to_one_hot(bos, len(self.out_voc)) + eps)]

        hid_state = self.encode(inp, **flags)
        for x_t in out.transpose(0, 1)[:-1]:
```

```
            hid_state, logits = self.decode(hid_state, x_t, ** flags)
            logits_seq.append(logits)

        return F.log_softmax(torch.stack(logits_seq, dim=1), dim=-1)

    def translate(self, inp, greedy=False, max_len=None, eps=1e-30, ** flags):
        """
        takes symbolic int32 matrix of hebrew words, produces output tokens sampled
         from the model and output log-probabilities for all possible tokens at each
             tick.
        :param inp: input sequence, int32 matrix of shape [batch,time]
        :param greedy: if greedy, takes token with highest probability at each tick.
             Otherwise samples proportionally to probability.
        :param max_len: max length of output, defaults to 2 * input length
        :return: output tokens int32[batch,time] and
                  log-probabilities of all tokens at each tick, [batch,time,n_tokens]
        """
        device=next(self.parameters()).device
        batch_size=inp.shape[0]
        bos=torch.tensor(
            [self.out_voc.bos_ix] * batch_size,
            dtype=torch.long,
            device=device,
        )
        mask=torch.ones(batch_size, dtype=torch.uint8, device=device)
        logits_seq=[torch.log(to_one_hot(bos, len(self.out_voc)) + eps)]
        out_seq=[bos]

        hid_state=self.encode(inp, ** flags)
        while True:
            hid_state, logits=self.decode(hid_state, out_seq[-1], ** flags)
            if greedy:
                _, y_t=torch.max(logits, dim=-1)
            else:
                probs=F.softmax(logits, dim=-1)
                y_t=torch.multinomial(probs, 1)[:, 0]

            logits_seq.append(logits)
            out_seq.append(y_t)
            mask &= y_t != self.out_voc.eos_ix

            if not mask.any():
                break
            if max_len and len(out_seq) >= max_len:
                break

        return (
            torch.stack(out_seq, 1),
            F.log_softmax(torch.stack(logits_seq, 1), dim=-1),
```

```
        )

def infer_mask(
        seq,
        eos_ix,
        batch_first=True,
        include_eos=True,
        dtype=torch.float):
    """
    compute mask given output indices and eos code
    :param seq: tf matrix [time,batch] if batch_first else [batch,time]
    :param eos_ix: integer index of end-of-sentence token
    :param include_eos: if True, the time-step where eos first occurs is has mask=1
    :returns: mask, float32 matrix with '0's and '1's of same shape as seq
    """
    assert seq.dim() == 2
    is_eos=(seq == eos_ix).to(dtype=torch.float)
    if include_eos:
        if batch_first:
            is_eos=torch.cat((is_eos[:, :1] * 0, is_eos[:, :-1]), dim=1)
        else:
            is_eos=torch.cat((is_eos[:1, :] * 0, is_eos[:-1, :]), dim=0)
    count_eos=torch.cumsum(is_eos, dim=1 if batch_first else 0)
    mask=count_eos == 0
    return mask.to(dtype=dtype)

def infer_length(
        seq,
        eos_ix,
        batch_first=True,
        include_eos=True,
        dtype=torch.long):
    """
    compute length given output indices and eos code
    :param seq: tf matrix [time,batch] if time_major else [batch,time]
    :param eos_ix: integer index of end-of-sentence token
    :param include_eos: if True, the time-step where eos first occurs is has mask=1
    :returns: lengths, int32 vector of shape [batch]
    """
    mask=infer_mask(seq, eos_ix, batch_first, include_eos, dtype)
    return torch.sum(mask, dim=1 if batch_first else 0)

def to_one_hot(y, n_dims=None):
    """Take integer y (tensor or variable) with n dims and convert it to 1-hot representation
     with n+1 dims. """
    y_tensor=y.data
    y_tensor=y_tensor.to(dtype=torch.long).view(-1, 1)
    n_dims=n_dims if n_dims is not None else int(torch.max(y_tensor)) + 1
    y_one_hot=torch.zeros(
```

```
        y_tensor.size()[0],
        n_dims,
        device=y.device,
    ).scatter_(1, y_tensor, 1)
    y_one_hot=y_one_hot.view(* y.shape, -1)
    return y_one_hot
```

基于强化学习的NL2SQL在实际应用使用的频率比较小：一方面，强化学习的框架本身比较容易出现网络不稳定；另一方面，在Seq2Seq这样的特定任务上去构造一个强化学习的优化目标实际能够解决的问题也比较有限，可能在一些非常特定的任务上能够有比较好的表现。

4.3　MAPO模型

强化学习是一种机器学习方法，通过观察和与环境的互动来学习最佳行为。训练过程就是优化策略梯度的过程，通过调整智能体的行为策略来最大化长期回报。近年来，强化学习在各种应用领域（如语义解析、对话生成、架构搜索、博弈和连续控制）得到了广泛的应用。然而，强化学习使用的一些简单的策略梯度方法，可能会导致不稳定的学习动态和较差的样本效率，甚至表现不佳的随机搜索。MAPO作为一种基于强化学习的语义解析方法，为了规避这些问题，提出了内存增强策略优化模型，将策略梯度方法与类似于经验回放的方法相结合，从而使学习更加稳定，样本效率更高。MAPO模型通过将历史观察值存储在内存中，并在更新策略时利用这些观察值来产生更稳定的梯度估计。这种方法在实践中表现良好，特别是在连续控制任务中的效果显著。

4.3.1　MAPO模型简介

MAPO是一种基于弱监督强化学习的方法。该方法将NL2SQL转化为一个强化学习任务，其中状态x表示自然语言问题和其对应的环境（解释器或数据库），动作空间A表示当前自然语言问题下所有可能产生的程序集合。每个强化学习轨迹的动作序列a对应着每一个可能的程序。MAPO算法的目的是生成一个策略函数。该函数给出了在一个自然语言问句x条件下，采样到的各个程序a的概率分布。根据此概率分布，可以得到自然语言问句对应的程序，也就是解决了NL2SQL任务。

算法的关键是对策略函数的训练。MAPO使用了一个Seq2Seq模型来拟合策略函数，针对策略函数的训练也就等同于对这个Seq2Seq模型进行训练。与深度神经网络有所不同，策略函数的参数更新并非是基于损失函数，而是基于期望回报进行训练。参数的更新是以获得最大化期望回报为目标。期望回报可以由回报函数给出。由于任务是生成程序语句，因此可以很方便地将生成的程序运行在真实环境中，并将结果与弱监督训练数据的标签对比，从而得到0-1二值奖励函数。

在具体的实施中，MAPO提出了几个创新思路。

首先，为了高效地产生高回报采样程序，MAPO 引入了一个缓存来记录已经采样过的程序序列（完整和非完整），每次进行新的采样时都会访问此缓存。避免出现重复采样导致计算资源的浪费。

其次，为了提高训练的效率，在对策略函数拟合网络进行训练时，最大化期望回报的目标函数分为两部分：一部分是在记忆缓存中采样程序的期望回报；另一部分是缓存之外的采样程序期望回报。

最后，MAPO 算法的计算瓶颈在于要为每个自然语言问句与环境交互产生强化学习的训练样本，因此算法采用了分布式产生训练样本的方案，引入了 Actor-Learner 框架。在 Actor-Learner 框架中，Actor 有很多个，每一个 Actor 负责采样产生新程序，并与环境交互得到该程序对应的奖励。而 Learner 只有一个，它只需要根据采样结果对策略函数拟合网络进行训练，更新参数。因为 Actor 和 Learner 是多对一的关系，所以 Learner 不会在采样的过程中出现样本不够的问题。这样的结构提高了获取强化学习样本的效率，解决了计算瓶颈的问题。

MAPO 在 WikiSQL 上的表现超越了很多监督学习算法。

4.3.2　MAPO 代码实现

MAPO 代码实现的链接：https://github.com/pcyin/pytorch_neural_symbolic_machines.git。MAPO 代码是用 PyTorch 实现的，加入了表格预训练模型（TaBERT），并使用 MAPO 进行优化。在搭建运行环境时，请参照 readme.md 文件的要求安装相应的依赖包，并使用不少于两张 2080Ti GPU 卡，否则无法运行。

MAPO 算法需要先训练然后进行测试，并且只有在训练过程中需要获得与环境交互产生的奖励。代码清单 4-12 为 experiment.py 文件（即 MAPO 模型启动代码），其中主函数有一个 is_train=True 的默认参数，该参数用于控制程序是否进行训练或者测试。

代码清单 4-12　experiment.py

```
def main(is_train=True):
  multiprocessing.set_start_method('spawn', force=True)
  args={
     'seed': 0,
     'cuda': 'cuda',
     'work_dir': 'runs/demo_run',
     'config_path': '../data/config/config.vanilla_bert.json',
     'extra_config':'{"actor_use_table_bert_proxy": true}'
  }
  if is_train:
     distributed_train(args)
  else:
     test(args)
```

如果要训练模型，则传入 main 函数的参数 is_train=True 即可。如果要测试的话就传入 is_train=False。相关的一些改动很少的参数，直接写在 args 的 dict 里面。其他各种详细参数的设置存放在./data/config/config.vanilla_bert.json里面。当传入main函数的参数is_train=True的时候会执行distributed_train(args)函数进行训练。代码清单4-13是分布式配置细节。

代码清单4-13 分布式配置细节

```
seed=int(args['seed'])
config_file=args['config_path']
use_cuda=args['cuda']
print(f'load config file [{config_file}]', file=sys.stderr)
config=json.load(open(config_file))
inject_default_values(config)
```

在代码清单4-13中，seed参数可设置随机数种子，固定随机数种子可以确保训练和测试的一致性，不然有可能导致每次测试的效果不一样。config_file是配置文件，用于模型的基本配置和相关超参数的设置。cuda参数可设置是否使用GPU，建议使用两到三块2080ti GPU卡，否则模型可能不能正常运行。

```
actor_use_table_bert_proxy=config.get('actor_use_table_bert_proxy', False)
```

actor_use_table_bert_proxy文件中的参数是让所有的Actor使用同一个BERT模型，如果不加这个参数，那么每个Actor将会自己构建一个单独的BERT模型，这会加大对GPU内存的需求。使用同一个BERT模型可减少GPU内存的使用，也能提升硬件资源的利用率。

SharedProgramCache类（见代码清单4-14）是程序的内存空间，用于多进程的数据共享。

代码清单4-14 SharedProgramCache类

```
class SharedProgramCache(object):
    def __init__(self):
        self.program_cache=Manager().dict()
        self.total_entry_count=Value('i')
    def add_trajectory(self, trajectory: Trajectory, prob: float):
        self.add_hypothesis(
            trajectory.environment_name,
            trajectory.program,
            prob,
            human_readable_program=trajectory.human_readable_prog   ram
        )
    def add_hypothesis(self, env_name: str, program: List[Any], prob: float, human_
        readable_program: List[Any]=None):
        if env_name not in self.program_cache:
            self.program_cache[env_name]=dict()
        hypotheses=self.program_cache[env_name]
        hypotheses[''.join(program)]={
            'program':program,
```

```
            'human_readable_program':human_readable_program,
            'prob':prob,
        }
        self.program_cache[env_name]=hypotheses
        with self.total_entry_count.get_lock():
            self.total_entry_count.value += 1
# update_hypothesis_prob 用于更新存储在内存中的轨迹奖励的探针
    def update_hypothesis_prob(self,env_name: str, program: List[Any], prob: float):
        hypotheses=self.program_cache[env_name]
        entry=hypotheses[''.join(program)]
        entry['prob']=prob
        hypotheses[''.join(program)]=entry
        self.program_cache[env_name]=hypotheses
```

代码清单 4-15 声明了 Learner 类，用来协助程序的训练，该类是整个模型的一部分。在 Learner 类中需要创建队列与运行环境，以及配置参数与设置共享内存空间。

代码清单 4-15　创建 Learner 类

```
class Learner(torch_mp.Process):
    def __init__(self, config: Dict, devices: Union[List[torch.device], torch.device],
            shared_program_cache: SharedProgramCache=None):
            super(Learner, self).__init__(daemon=True)
            self.train_queue =multiprocessing.Queue()
            self.checkpoint_queue=multiprocessing.Queue()
            self.config=config
            self.devices=devices
            self.actor_message_vars=[]
            self.current_model_path=None
            self.shared_program_cache=shared_program_cache
            self.actor_num=0
    learner=Learner(
            config={** config, ** {'seed': seed}},
            shared_program_cache=shared_program_cache,
            devices=learner_devices
    )
```

代码清单 4-16 声明了 Evaluator 类，该类用于评估模型当前生成的解析程序的好坏的得分。在 Evaluator 类中需要创建队列，设置运行环境，并确定配置环境的相关参数。

代码清单 4-16　Evaluator 类的创建

```
class Evaluator(torch_mp.Process):
    def __init__(self, config, eval_file, device):
        super(Evaluator,self).__init__(daemon=True)
        self.eval_queue=Queue()
        self.config=config
        self.eval_file=eval_file
```

```
        self.device=device
        self.model_path='INIT_MODEL'
        self.message_var=None
      evaluator=Evaluator(
        {**config, **{'seed': seed + 1}},
      eval_file=config['dev_file'], device=evaluator_device)
    learner.register_evaluator(evaluator)
    def register_evaluator(self, evaluator):
        msg_var=multiprocessing.Array(ctypes.c_char, 4096)
        self.eval_msg_val=msg_var
        evaluator.message_var=msg_var
```

代码清单 4-17 声明了 Actor 类，该类用于异步收集训练样本。在 Actor 类中需要提供 actor id（训练样本 id），设置共享内存空间、运行环境以及配置文件。

代码清单 4-17　Actor 类

```
class Actor(torch_mp.Process):
    def __init__(self, actor_id, example_ids, shared_program_cache, device, config):
        super(Actor, self).__init__(daemon=True)
        self.config=config
        self.actor_id =f'Actor_{actor_id}'
        self.example_ids=example_ids
        self.device=device
        if not self.example_ids:
            raise RuntimeError(f'empty shard for Actor {self.actor_id}')
        self.model_path =None
        self.checkpoint_queue =None
        self.train_queue=None
        self.shared_program_cache=shared_program_cache
        self.consistency_model =None
        if config.get('actor_use_table_bert_proxy', False):
            self.table_bert_result_queue=multiprocessing.Queue()
    for actor_id inrange(actor_num):
        actor =Actor(
            actor_id,
            example_ids=train_example_ids[
              actor_id * per_actor_example_num:
    ((actor_id + 1) * per_actor_example_num) if actor_id <actor_num - 1 else len(train_
            example_ids)
        ],
        shared_program_cache=shared_program_cache,
        device=actor_devices[actor_id % len(actor_devices)],
        config={**config, **{'seed': seed + 2 + actor_id}},)
    learner.register_actor(actor)
```

4.4　本章小结

本章主要讲解了 SCST 和 MAPO 这两个模型的框架和代码实现。其中 SCST 注重利用强化学习更好地将期望回报应用到序列建模的优化中，而 MAPO 注重解决强化学习期望奖励方差较大的普遍性问题，尤其是在 Seq2Seq 无法使用的场景下进行策略梯度算法优化。

CHAPTER5

第5章

基于GNN的语义解析技术

GNN是一类用于处理图数据的神经网络。与传统的神经网络处理向量数据不同，GNN可以处理具有复杂结构的图数据，这使得它在处理自然语言、社交网络、推荐系统等领域的数据时具有很大的优势。

GNN可以对图中节点和边的特征进行学习。在图中，每个节点和边都有一些属性，例如节点的标签、边的权重等。我们可以通过GNN将每个节点和边抽象为一个向量，并通过神经网络模型来学习它们之间的关系。这使得我们可以对图数据进行类似传统的分类、回归等操作。

在语义解析中，GNN可以用于构建语义图，并基于语义图来解析自然语言。通过将句子中的词汇和语义关系抽象为图的节点和边，我们可以使用GNN来学习它们之间的关系，并输出一个语义图。这样，我们就可以基于语义图来解析自然语言，并回答相应的问题。

除了在语义解析中的应用，GNN在NLP领域的其他方面也有广泛的应用，例如文本分类、命名实体识别、关系抽取等。通过将自然语言数据抽象为图数据，并使用GNN来学习它们之间的关系，我们可以在许多NLP任务中取得更好的效果。

本章探讨了GNN在语义解析方向的研究，涵盖编码数据库模式、图结构表示、图嵌入的特征提取等内容。

5.1 使用GNN对数据库模式进行编码

在NL2SQL任务中，SQL语句生成涉及对数据表结构信息的理解和运用。然而，当前的问题在于，以往的数据集中的数据库非常简单，且在训练和测试时都能观察到数据库本身，这在很大程度上导致对SQL语言解析的研究忽略了数据库模式的结构。

具体来说，以往的简单数据集结构简单，模型往往可以忽略模式的结构信息，而直接从查询语句中学习如何生成SQL语句。然而，在现实世界的场景中，数据表的结构信息往往非常复杂，这就需要我们更加深入地研究和探索如何从数据表的结构中提取有用的信息，从而更好地生成SQL语句。此外，以往的数据集在训练和测试时可以直接将数据库结构输入到模型之中，这使得我们可以直接从数据表中提取有用的信息，而不需要从自然语言中推断出数据库的结构信息。然而，在实际应用中，我们往往遇到较为复杂的数据库结构，因此需要从自然语言中推断出数据库的结构信息，并将其应用于 SQL 语言的生成。

5.1.1 匹配可能模式项的集合

BenBogin 团队首次提出在 NL2SQL 任务中使用 GNN 作为语义解析器，以对数据库模式的结构进行编码，并在编码和解码时同时使用这种表示。需要编码的数据库模式 S 包括：

1）表名集合。

2）涉及表的所有列名集合。

3）外键到主键的映射集合。

基于 GNN 的研究范式的算法流程如图 5-1 所示，主要包括以下步骤。

首先，从模式中找出匹配问句的可能模式项的集合，并根据该集合构造图，之后利用 GNN 学习图表示。

其次，将句子嵌入和 GNN 学习图嵌入一起送入编码器，得到模式的隐藏层的表示。

最后，使用解码器进行解码。

如图 5-1 所示，通过解析问句 “What is the name of the semester with the most students registered?”，可以得到关联的表集合有 student、semester、student_semester、program。其中，与 student 表相关的列有 name、cell_number；与 student_semester 表相关的列有 semester_id、student_id、program_id；与 semester 表相关的列有 semester_id、name、program_id、details；关联的外键对有 student. student_id、student_semester. student_id、semester. semester_id、student_semester. semester_id，现在通过匹配问句得到了表名、列名和外键关系的集合。

为了将模式 S 转换为图 5-1 中的图结构，首先将图节点定义为模式项目 V。然后添加 3 种类型的边：对于表 t 中的每列 ct，我们将边（c，t）和（t，ct）添加到绿色边集合。对于每个外键列对（ct1，ct2），我们将边（ct1，ct2）和（t1，t2）添加到单项边集合。对于每个反方向的外键列对（ct2，ct1），将（ct2，ct1）和（t2，t1）添加到单向边虚线集合，这些边的类型被 GNN 用于捕获列与表相互关联的不同模式。

每个问题都涉及模式的不同部分，因此图表示应该根据具体问题改变。例如，student 表、semester 表和 program 表是不相关的。在这种情况下，需要对图节点进行剪枝，通过单词和数据库常量之间的局部相似性函数来解析查询中涉及的表名与列名，还需要计算任何单词匹配的数据库常量的最大概率，得到概率最大的数据库常量。

5.1.2 GNN 编码表示

如果使用 Gating GNN 来学习综合相关性分数和全局模式结构的节点表示，则每个节点 v 都有一个基于相关性分数条件的初始嵌入。然后，我们应用 GNN 递归计算 $\boldsymbol{L}$ 步。在每个步骤中，每个节点根据上一步中的邻居表征向量来重新计算其表征向量。

然后使用标准 GRU 更新计算本节点表征向量 $\boldsymbol{h}_v^{(l)}$，如式（5-1）所示：

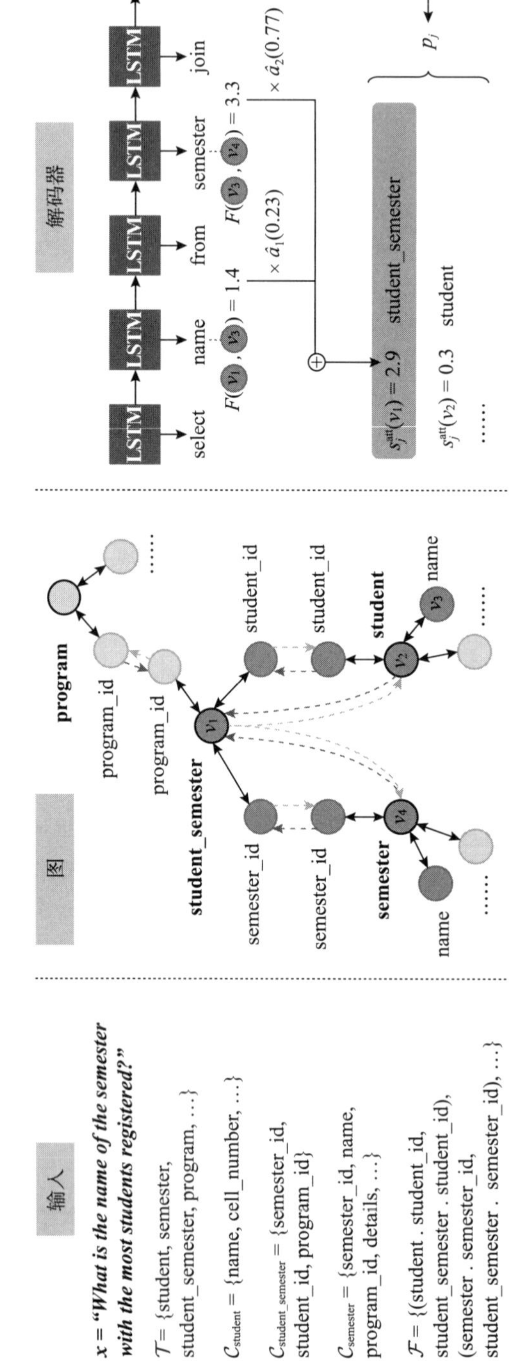

图 5-1　基于 GNN 的研究范式

$$\boldsymbol{h}_v^{(l)} = \text{GRU}(\boldsymbol{h}_v^{(l-1)}, \boldsymbol{a}_v^{(l)}) \tag{5-1}$$

其中，$\boldsymbol{h}_v^{(l)}$ 代表的是将各个邻节点的邻居表征向量 $\boldsymbol{a}_v^{(l)}$ 和上一层节点的表征向量 $\boldsymbol{h}_v^{(l-1)}$ 得到的本层节点的表征向量。编码器部分为双向 LSTM，它将模式项的表征向量进行加权平均，并拼接到每个单词上。这样每个单词都可以用其链接到的模式项的图结构进行扩充，解码器部分采用了基于语法的 LSTM。

5.2　关注模式的 Global GNN

上述的语义解析器主要通过单词和数据库常量之间的局部相似性函数获取与文本相关的数据库模式。因为该函数在计算时是自回归的，每次得到一个结果，并未考虑结果之间的全局依赖关系，所以根据局部相似性选择数据库常量的匹配精准度有待提升。考虑图 5-2 中的示例，在解码 select 操作之后，解码器现在必须选择数据库常量。假设解码器的注意力集中在单词 name 上，并且仅给出局部相似性，那么在选择词汇相关的数据库常量（singer. name 和 song. name）时会含糊不清。然而，如果我们对数据库常量和问题进行全局推理，则可以提供额外的信息。首先，随后的词汇 nation 可以关联上表 singer 的列 country，因此和 nation 距离更近的 name 关联上 singer 表的可能性更大。其次，name 下一次出现在 Hey 附近，而 Hey 可以关联上存储在 song. name 中的值。假设单词和数据库常量之间是一对一映射，那么第二个 name 应该关联上 song. name，第一个 name 应该关联上 singer. name。

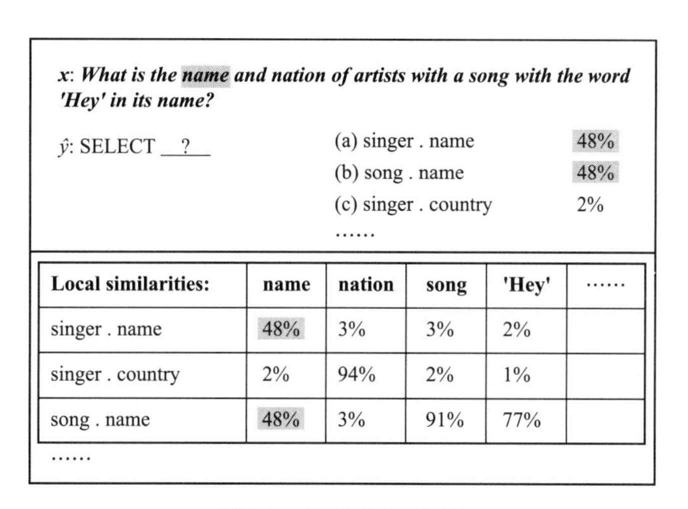

图 5-2　局部相似性结果

5.2.1　Global GNN 的改进

Global GNN 的全局推理能力主要体现在两方面的改进上：Gating GCN 模块与 Re-ranking GCN 模块。Gating GCN 模块通过训练得到每个单词对不同数据库常量的选择概率，让编码器动态选择可能的数据库常量，从而使得Global GNN解决了上述局部推理的模糊问题。Re-ranking GCN模块在排序全局单词的候选常量时，综合了整个自然语言问句的上下文信息。

下面将结合核心代码介绍Gating GCN和Re-ranking GCN模块。代码主要基于AllenNLP框架，AllenNLP是一个开源库，用于为NLP任务构建深度学习模型，由艾伦人工智能研究院开发。它构建在PyTorch之上，为现代NLP中的通用组件和模型提供了高级抽象和API。它还提供了一个可扩展的框架，便于运行和管理NLP实验。简而言之，AllenNLP封装了NLP研究中可用的通用数据和模型操作，其主要特性如下。

- 用于训练PyTorch模型的命令行工具。
- 一组预先训练过的模型，可用来进行预测。
- 包含常用/最新NLP模型的可读参考实现。
- 用于快速复现实验结果的实验框架。
- 展示研究成果的一种方式。
- 由开源和社区驱动。
- AllenNLP被大量的组织和研究项目使用。

5.2.2 Gating GCN模块详解

Gating GCN模块在数据输入前，需要做两个工作：一是将训练数据处理成语义解析模型的输入；二是将模型输出的Top K的结果重新组织成重排序模块的输入。这两个工作的代码都是基于AllenNLP实现的。在使用AllenNLP实现这两个工作的代码时，只需要重写_read方法读取数据，并利用AllenNLP进行预处理数据的参数初始化。AllenNLP数据预处理中的初始化参数定义如代码清单5-1所示。

代码清单5-1 AllenNLP数据预处理中的初始化参数定义

```
@DatasetReader.register("spider")
class SpiderDatasetReader(DatasetReader):
    def __init__(self,
                 lazy: bool=False,
                 question_token_indexers: Dict[str, TokenIndexer]=None,
                 keep_if_unparsable: bool=True,
                 tables_file: str=None,
                 dataset_path: str='dataset/database',
                 load_cache: bool=True,
                 save_cache: bool=True,
                 loading_limit=-1):
        super().__init__(lazy=lazy)
        spacy_tokenizer=SpacyWordSplitter(pos_tags=True)
        spacy_tokenizer.spacy.tokenizer.add_special_case(u'id', [{ORTH: u'id', LEMMA: u
            'id'}])
        self._tokenizer=WordTokenizer(spacy_tokenizer)
        self._utterance_token_indexers=question_token_indexers or {'tokens':
        SingleIdTokenIndexer()}
```

```
        self._keep_if_unparsable=keep_if_unparsable
        self._tables_file=tables_file
        self._dataset_path=dataset_path
        self._load_cache=load_cache
        self._save_cache=save_cache
        self._loading_limit=loading_limit
```

Spider 数据处理模块需要重写_read_examples_file 方法，如代码清单 5-2 所示。该模块涉及如下数据模式的转化。

- 跳过无法解析的示例。
- 跳过解析出错的示例。
- 将列名和表名对应，即 name→singer@ name。
- 移除别名，即 singer AS T1→singer。
- 指代消解，即 T1. name→singer@ name。

代码清单 5-2　重写_read_examples_file 方法

```
def _read_examples_file(self, file_path: str):
    cache_dir=os.path.join('cache', file_path.split("/")[-1])

    if self._load_cache:
        logger.info(f'Trying to load cache from {cache_dir}')
    if self._save_cache:
        os.makedirs(cache_dir, exist_ok=True)
    cnt=0
    with open(file_path, "r") as data_file:
        json_obj=json.load(data_file)
        for total_cnt, ex in enumerate(json_obj):
            cache_filename=f'instance-{total_cnt}.pt'
            cache_filepath=os.path.join(cache_dir, cache_filename)
            if self._loading_limit == cnt:
                break
            if self._load_cache:
                try:
                    ins=dill.load(open(cache_filepath, 'rb'))
                    ins=self.process_instance(ins, total_cnt)
                    if ins is None and not self._keep_if_unparsable:
                        continue
                    yield ins
                    cnt += 1
                    continue
            query_tokens=None
            if 'query_toks' in ex:
                ex=fix_number_value(ex)
                try:
                    query_tokens=disambiguate_items(ex['db_id'], ex['query_toks_no_
                      value'],
```

```
                                    self._tables_file, allow_aliases=False)
            except Exception as e:
                print(f"error with {ex['query']}")
                print(e)

        ins=self.text_to_instance(
            utterance=ex['question'],
            db_id=ex['db_id'],
            sql=query_tokens)
        ins=self.process_instance(ins, total_cnt)
        if ins is not None:
            cnt += 1
        if self._save_cache:
            dill.dump(ins, open(cache_filepath, 'wb'))

        if ins is not None:
            yield ins
```

Spider语义解析器是Gating GCN模块的组成部分。Spider语义解析器如代码清单5-3所示。AllenNLP提供了绝大部分常见的模块，只用配置参数即可。其中，Gating GCN是GCN的一种变体，可以处理序列化的输入，这样便可以利用GNN统一模式和查询的编码形式。

代码清单5-3　Spider语义解析器代码

```
@Model.register("spider")
class SpiderParser(SpiderBase):
    def __init__(self,
                 vocab: Vocabulary,
                 encoder: Seq2SeqEncoder,
                 entity_encoder: Seq2VecEncoder,
                 decoder_beam_search: BeamSearch,
                 question_embedder: TextFieldEmbedder,
                 input_attention: Attention,
                 past_attention: Attention,
                 max_decoding_steps: int,
                 action_embedding_dim: int,
                 gnn: bool=True,
                 graph_loss_lambda: float=0.5,
                 decoder_use_graph_entities: bool=True,
                 decoder_self_attend: bool=True,
                 gnn_timesteps: int=2,
                 pruning_gnn_timesteps: int=2,
                 parse_sql_on_decoding: bool=True,
                 add_action_bias: bool=True,
                 use_neighbor_similarity_for_linking: bool=True,
                 dataset_path: str='dataset',
                 training_beam_size: int=None,
```

```
            decoder_num_layers: int=1,
            dropout: float=0.0,
            rule_namespace: str='rule_labels') -> None:
    super().__init__(vocab, encoder, entity_encoder, question_embedder, gnn_timesteps,
        dropout, rule_namespace)
```

语义解析器包含了编码器和解码器两部分，它们涉及大量的参数和组件，代码清单 5-3 中第 15 行、16 行的 decoder_use_graph_entities 和 decoder_self_attend 参数代表的是图嵌入和子注意力机制，是实现全局解析的关键所在。编码器利用 GCN 网络将查询嵌入和模式嵌入一起输入到编码器中，然后利用全局信息进行解码。

解码器部分代码如代码清单 5-4 所示。根据是否使用自注意力机制来实现指针复制机制，用于复制问题中出现过的单词，以将其作为解码时的候选词。

代码清单 5-4　解码器部分代码

```
if decoder_self_attend:
    self._transition_function=AttendPastSchemaItemsTransitionFunction(
        encoder_output_dim=encoder_output_dim,
        action_embedding_dim=action_embedding_dim,
        input_attention=input_attention,
        past_attention=past_attention,
        predict_start_type_separately=False,
        add_action_bias=self._add_action_bias,
        dropout=dropout,
        num_layers=self._decoder_num_layers)
else:
    self._transition_function=LinkingTransitionFunction(
        encoder_output_dim=encoder_output_dim,
        action_embedding_dim=action_embedding_dim,
        input_attention=input_attention,
        predict_start_type_separately=False,
        add_action_bias=self._add_action_bias,
        dropout=dropout,
        num_layers=self._decoder_num_layers)
```

5.2.3 Re-ranking GCN 模块详解

先简单介绍一下束搜索（Beam Search）。束搜索是一种在序列生成任务中常用的搜索算法，其目的是从所有可能的序列中找到最优序列。在自然语言处理中，束搜索常被用于机器翻译、语音识别、自然语言生成等任务中。

束搜索的基本原理是在每个时间步，将可能的候选序列保存在一个有限大小的集合中，称为“束”（Beam），并在集合中选择得分最高的一些序列，继续扩展到下一个时间步。在不断扩展的过程中，束中的候选序列数量越来越少，最终得到一个长度和得分均优的最优序列。

束搜索算法的复杂度主要取决于束宽和序列长度。较小的束宽会导致搜索空间较小，但可能会错过最优解；较大的束宽则会增加搜索空间，但也会增加搜索复杂度。此外，束搜索算法可能会存在一些问题，例如只搜索到局部最优解、序列重复、序列不完整等。

为解决这些问题，研究者们提出了一些改进的束搜索算法，如长度惩罚、重复惩罚、规范化等。这些算法通过对序列得分进行调整，更好地平衡了搜索空间和搜索效率，使得束搜索算法在实际应用中得到了广泛的应用。

Re-ranking GCN 模块（其实现为 Spider_rerank. py 数据处理模块）为预测数据库常数提供了一个更准确的模型。然而，解析仍然是自回归的方式，每次只取束搜索中排名第一的结果，同样导致了局部最优解。为了从全局推理的角度选择数据库常量，解码器训练了一个新的判别模型对输出的每个束的前 K 个结果进行重新排序，从而可以对整个候选查询进行全局推理。

Re-ranking GCN 的 Spider 数据处理模块和 Gating GCN 模块的 Spider 数据处理模块不同。Re-ranking GCN 的数据处理模块的数据输入是候选集，输出是候选集和相应部分的子图，同样需要通过装饰器将模块注册到管道之中。

Spider_rerank. py 的核心作用是重写 process_instance，并且对 Spider 数据重排序，见代码清单 5-5，用于从原始图谱中根据候选集抽取子图，并返回子图、候选集以及它们的标签。

代码清单 5-5　Spider 数据重排序

```
@ overrides
def process_instance(self, instance: Instance, index: int=None, candidates: List=None):
    if instance is None:
        return instance
    fields=instance.fields
    world: SpiderWorld=fields['world'].metadata
    del fields['valid_actions']
    if 'action_sequence'in fields:
        del fields['action_sequence']
    if world.query is not None:
        correct_sub_graph=set()
        for token in world.query:
            if token in world.entities_names:
                correct_sub_graph.add(token)
    original_candidates=candidates or self._sub_graphs_candidates[index]
    if self._sub_sample_candidates:
        shuffled_candidates=list(original_candidates)
        shuffled_candidates=sorted(shuffled_candidates, key=lambda x: (x['correct'],
        random()), reverse=True)
    else:
        shuffled_candidates=original_candidates
    sub_graphs=[]
    label_fields=[]
```

```
sub_graphs_label_fields = []
entities_names = [ent_key_to_name(e) for e in world.db_context.knowledge_graph.
  entities
          if e.startswith('column:') or e.startswith('table:')]
unique_sub_graphs = set()
kept_candidates = []
for candidate in shuffled_candidates:
    if self._sub_sample_candidates and len(kept_candidates) == self._max_candidates:
        break
    query_tokens = candidate['query'].split()
    sub_graph = set()
    candidate_entities = []
    for i, token in enumerate(query_tokens):
        ent_id = -1
        potential_ent = token.replace('.', '@')
        if potential_ent in entities_names:
            sub_graph.add(potential_ent)
            ent_id = world.entities_names[potential_ent]
        candidate_entities.append(LabelField(ent_id, skip_indexing=True))
    if not sub_graph:
        continue
    if not self._unique_sub_graphs:
        sub_graphs.append(sub_graph)
    else:
        sub_graph_hash = tuple(sorted(sub_graph))
        if sub_graph_hash in unique_sub_graphs:
            continue
        unique_sub_graphs.add(sub_graph_hash)
        sub_graphs.append(sub_graph)
    kept_candidates.append(candidate)
    if candidate['correct'] is not None:
        label_fields.append(LabelField(int(candidate['correct']), skip_indexing=
          True))
        sub_graphs_label_fields.append(LabelField(int(sub_graph == correct_sub_
        graph), skip_indexing=True))
# check if we should return all examples (even when no correct answers found)
if not self._keep_if_unparsable:
    if self._unique_sub_graphs and not any([sg == correct_sub_graph for sg in sub_
        graphs]):
        return None
    if not self._unique_sub_graphs and not any([l.label for l in label_fields]):
        return None
sub_graph_candidates = []
for sub_graph in sub_graphs:
    entities_ids = []
    for ent in sub_graph:
        ent_id = world.entities_names[ent]
        entities_ids.append(LabelField(ent_id, skip_indexing=True))
    if not entities_ids:
```

```
            continue
        sub_graph_candidates.append(ListField(entities_ids))
    # we give both the subgraphs and the actual query candidates
    fields['sub_graphs']=ListField(sub_graph_candidates)
    fields['candidates']=MetadataField(kept_candidates)
    if sub_graphs_label_fields:
        fields['sub_graphs_labels']=ListField(sub_graphs_label_fields)
    if label_fields:
        fields['candidates_labels']=ListField(label_fields)
    return Instance(fields)
```

Spider_rerank的模型结构比较简单，但是计算过程比较复杂，因为它要同时考虑全局子图的依赖关系及候选结果的得分。Spider_rerank模型构建如代码清单5-6所示。

代码清单5-6　Spider_rerank模型构建

```
@Model.register("spider_reranker")
class SpiderReranker(SpiderBase):
  def __init__(self,
             vocab: Vocabulary,
             encoder: Seq2SeqEncoder,
             entity_encoder: Seq2VecEncoder,
             question_embedder: TextFieldEmbedder,
             action_embedding_dim: int,
             attention: Attention,
             gnn_timesteps: int=2,
             dropout: float=0.0,
             rule_namespace: str='rule_labels') -> None:
def forward(self,
        utterance: Dict[str, torch.LongTensor],
        world: List[SpiderWorld],
        schema: Dict[str, torch.LongTensor],
        sub_graphs,
        candidates,
        sub_graphs_labels=None,
        candidates_labels=None
        ) -> Dict[str, torch.Tensor]:
    batch_size=len(world)
    num_candidates=sub_graphs.size(1)
    candidates_scores, debug_info = self._score_candidates(utterance, world, schema,
        sub_graphs)
    candidates_scores=candidates_scores.view(batch_size, num_candidates)
    outputs: Dict[str, Any] = {}
    if sub_graphs_labels is not None:
        candidates_labels=candidates_labels.view(batch_size, num_candidates)
        sub_graphs_labels=sub_graphs_labels.view(batch_size, num_candidates)
        unanswerable_mask=sub_graphs_labels.max(dim=1)[0] == 0
        unanswerable_mask2=sub_graphs_labels.min(dim=1)[0] == 1
```

```
        num_unanswerable=unanswerable_mask.sum() + unanswerable_mask2.sum()
        if batch_size - num_unanswerable > 0:
            candidates_mask=sub_graphs.max(dim=-1)[0]!= -1
            normalized_scores=masked_softmax(candidates_scores, candidates_mask)
            loss=-torch.log((normalized_scores * sub_graphs_labels.float()).sum(dim=1))
            loss[unanswerable_mask]=0
            loss[unanswerable_mask2]=0
            loss=loss.sum()/(batch_size - num_unanswerable)
        else:
            loss=(candidates_scores - candidates_scores).sum()
        outputs['loss']=loss
    self._compute_validation_outputs(world,
                                     sub_graphs,
                                     candidates_scores,
                                     sub_graphs_labels,
                                     candidates,
                                     outputs)
    return outputs
```

5.3　关注模式链接的 RATSQL

模式泛化具有挑战性。首先，任何 NL2SQL 解析模型都必须将数据库模式进行适当编码，以便能够利用特定列或表的信息。其次，要将所有表示数据库的相应信息进行编码，如列类型、外键关系和数据库主键等。最后，模型必须识别包含列和表的不同表述的自然语言查询。例如 NL2SQL 模型在面对 Spider 数据集的挑战（训练集、测试集没有重叠部分）时，此时模型对数据库模式的泛化能力就至关重要了。最后一个挑战就是模式链接了。

Global GNN 主要研究了模式编码的问题，而对模式链接的探索相对较少。来看图 5-3 给出的示例。图 5-3 展示了模式链接中的挑战：问题中的 model 指的是 car_names. model，而不是 model_list. model。car 实际上指的是 cars_data 和 car_names，而不是 car_makers。为了正确地解析自然语言问句中的列名、表名，语义解析器必须同时考虑已知的模式关系和问题的上下文。

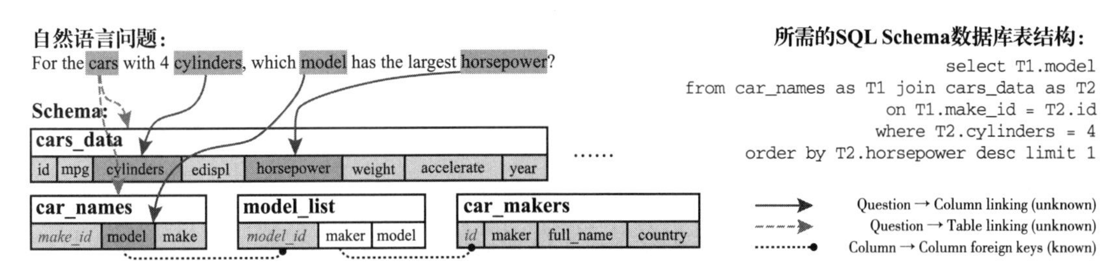

图 5-3　来自复杂任务的挑战

RATSQL是对Global GNN的进一步改进，Global GNN主要是考虑从问题中匹配到表名和列名的联系，然后将这种联系拼接到问题的单词上。而RATSQL在图5-3的示例中考虑了表名、列名和问题3种节点，并利用字符串匹配的方法丰富了边的类型。Global GNN主要使用有向图来表示外键之间的关系，但是这种方法有两个缺点。

首先，它没有将模式与问题结合起来编码，因此在得到了列和问题词的表示之后，对模式链接进行推理会变得很困难。

其次，它将模式编码期间的信息传播限制在预定义的外键关系图中，没有考虑全局信息，而全局信息对表示结构关系非常重要。为了解决以上问题，RATSQL提出了“统一编码器”，它主要是改造了一种专门用于捕捉连接关系的关系感知自注意力机制。

5.3.1 Relation-Aware Self-Attention模型

Relation-Aware Self-Attention（关系感知自注意力）是一种编码半结构化输入序列的模型，它联合编码序列中预先存在的关系结构和序列元素之间的“软”关系。Relation-Aware Self-Attention与原始自注意力机制不同之处在于：采用了LayerNorm对注意力进行编码，并对当前层进行归一化操作，这样可以防止梯度消失。在传统的自注意力机制中，每个变量之间的关系是硬编码的，即对预先存在的关系（类似于先验知识）无能为力，这阻碍了编码器融入新关系的能力。为此，RAT将关系添加到自注意力的权重计算中。

通过相对位置信息编码替换原始自注意力计算中的位置信息，可以得到Relation-Aware Self-Attention算子结构，相关公式实现如代码清单5-7所示：

代码清单5-7 自注意力机制计算公式

```
def relative_attention_logits(query, key, relation):
    qk_matmul=torch.matmul(query, key.transpose(-2,-1))
    q_t=query.permute(0,2,1,3)
    r_t=relation.transpose(-2,-1)
    q_tr_t_matmul=torch.matmul(q_t,r_t)
    q_tr_tmatmul_t=q_tr_t_matmul.permute(0,2,1,3)
    return (qk_matmul+q_tr_tmatmul_t)/math.sqrt(query.shape[-1])
def relative_attention_values(weight, value, relation):
    wv_matmul=torch.matmul(weight, value)
    w_t=weight.permute(0,2,1,3)
    w_tr_matmul=torch.matmul(w_t, relation)
    w_tr_matmul_t=w_tr_matmul.permute(0,2,1,3)
    return wv_matmul + w_tr_matmul_t
```

5.3.2 考虑更复杂的连接关系

AST是一种树形数据结构，表示程序代码的抽象语法结构。AST通常是编译器在将源代码转换为目标代码的过程中生成的一个重要数据结构。

AST将程序代码中的各种元素（如变量、函数、操作符、语句等）表示为树中的节点，并将元素之间的关系表示为节点之间的边。AST的每个节点都代表程序中的一种语法结构，例如if语句、for语句、函数声明等。AST中每个节点的子节点表示该语法结构所包含的子结构，从而将程序的语法结构逐层展开，最终形成一棵完整的语法树。

AST的生成过程通常是在词法分析和语法分析之后进行的，即将源代码解析为Token，然后利用语法规则将这些Token组合成语法结构，最终形成AST。AST的生成具有高度的灵活性和可定制性，可以根据不同编程语言的特点进行相应的优化和改进，从而提高编译速度和生成的目标代码的质量。

AST在程序分析和优化、代码生成等方面具有广泛的应用，尤其在静态代码分析和语法检查方面，AST可以帮助程序员快速识别和纠正代码中的语法错误。同时，AST还可以用于实现程序的逆向工程、代码重构和自动生成等任务。

RAT SQL中定义的匹配模式样例如表5-1所示。总共有10类边，但是在模式链接的过程中，会出现精确匹配、部分匹配和不匹配3种情况，因此总共会出现33类的边。

表5-1　匹配模式的样例

x的类型	y的类型	边的标签	描述
列	列	SAME-TABLE FOREIGN-KEY-COL-F FOREIGN-KEY-COL-R	x和y属于同一个表 x是y的外键 y是x的外键
列	表	PRIMARY-KEY-F BELONGS-TO-F	x是y的主键 x是y的一列(但是x不是y的主键)
表	列	PRIMARY-KEY-R BELONGS-TO-R	y是x的主键 y是x的一列(但是y不是x的主键)
表	表	FOREIGN-KEY-TAB-F FOREIGN-KEY-TAB-R FOREIGN-KEY-TAB-B	表x有个外键的列在表y中 表y有个外键的列在表x中 x和y互相之间有外键关联

编码器的输入是自然语言查询和图数据库信息，表5-1中所有的表、列节点使用的是GloVe词向量，输出的是蕴含模式与链接关系的隐向量。解码器的主要目标是生成相关的AST，它使用深度优先遍历顺序生成SQL，并将生成的SQL作为一个AST，然后使用LSTM输出解码器操作序列。操作序列要么是语法树结构，要么是列名和表名，解码过程如图5-4所示。

5.3.3　模式链接的具体实现

模式链接关系可以帮助模型将问题中的列/表名与模式中的列/表对齐。这种对齐由输入中的两种信息隐式定义：匹配名称和匹配值。匹配名称分别计算匹配的列和表，每个列或表分为部分匹配、完全匹配和不匹配3种关系，可通过内部函数partial_match和

exact_match 进行计算。模式链接实现如代码清单 5-8 所示。匹配值通过在数据库检索特殊的字段，如数字、日期等，利用外部知识作为模式链接的背景知识以作增强。

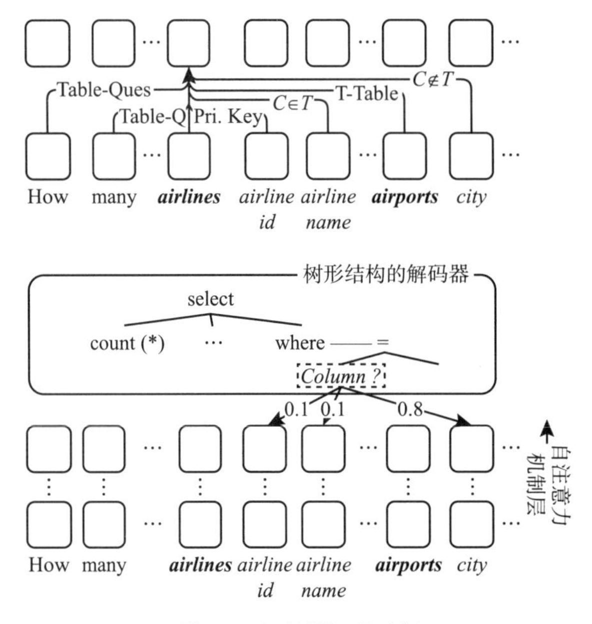

图 5-4　解码器解码过程

代码清单 5-8　模式链接实现

```
def compute_schema_linking(question, column, table):
    def partial_match(x_list, y_list):
        x_str = " ".join(x_list)
        y_str = " ".join(y_list)
        if x_str in STOPWORDS or x_str in PUNKS:
            return False
        if re.match(rf"\b{re.escape(x_str)}\b", y_str):
            assert x_str in y_str
            return True
        else:
            return False
    def exact_match(x_list, y_list):
        x_str = " ".join(x_list)
        y_str = " ".join(y_list)
        if x_str == y_str:
            return True
        else:
            return False
    q_col_match=dict()
    q_tab_match=dict()
    col_id2list=dict()
```

```
for col_id, col_item in enumerate(column):
    if col_id == 0:
      continue
    col_id2list[col_id] = col_item
tab_id2list = dict()
for tab_id, tab_item in enumerate(table):
    tab_id2list[tab_id] = tab_item
n = 5
while n > 0:
    for i in range(len(question) - n + 1):
        n_gram_list = question[i:i + n]
        n_gram = " ".join(n_gram_list)
        if len(n_gram.strip()) == 0:
            continue
        for col_id in col_id2list:
            if exact_match(n_gram_list, col_id2list[col_id]):
                for q_id in range(i, i + n):
                    q_col_match[f"{q_id},{col_id}"] = "CEM"
        for tab_id in tab_id2list:
            if exact_match(n_gram_list, tab_id2list[tab_id]):
                for q_id in range(i, i + n):
                    q_tab_match[f"{q_id},{tab_id}"] = "TEM"
        for col_id in col_id2list:
            if partial_match(n_gram_list, col_id2list[col_id]):
                for q_id in range(i, i + n):
                    if f"{q_id},{col_id}" not in q_col_match:
                        q_col_match[f"{q_id},{col_id}"] = "CPM"
        for tab_id in tab_id2list:
            if partial_match(n_gram_list, tab_id2list[tab_id]):
                for q_id in range(i, i + n):
                    if f"{q_id},{tab_id}" not in q_tab_match:
                        q_tab_match[f"{q_id},{tab_id}"] = "TPM"
    n -= 1
return {"q_col_match": q_col_match, "q_tab_match": q_tab_match}
```

5.4　关注模式链接拓扑结构的 LGESQL

LGESQL（Line Graph Enhanced Text-to-SQL）是 GNN 领域最先进的模型之一。它是 RATSQL 的改进版，通过增加基于关系的自注意力机制、多任务学习和预训练模型来提高性能，同时使用了基于模式链接的拓扑结构。相比前面介绍的 NL2SQL 方案，LGESQL 具有良好的泛化性，在处理基于跨域表格的 NL2SQL 问题上也有非常好的效果。LGESQL 的论文作者还进行了大量相关实验，验证了它在各个任务和问题上的有效性。

5.4.1　LGESQL 模型简介

LGESQL 由上海交通大学计算机系 X-LANCE 实验室对话交互研究组提出，用于解决复杂嵌套场景下的NL2SQL任务。在国际著名Text-to-SQL挑战赛位列Spider权威榜单第一名，刷新了该任务的业界记录。在切换数据集所使用的数据库之后，基于LGESQL的方案仍旧表现稳定，足以说明此方案的优越性。此外，LGESQL也是“2022年全国知识图谱与计算语义大会”NL2SQL任务排名榜首的方案。

本章前面介绍的方案的主要创新点在于如何将数据库的模式进行建模，并很好地表示成神经网络能够使用的表征。这些技术方案普遍存在两个问题。

1）无法很好地找出整个查询所涉及的路径，并且没有对图中的每个节点的局部邻居以及非局部邻居进行区分。

2）这些方法在图表征上比较注重节点的表示，而忽略了边中大量存在的语义信息。

为了解决以上的两个问题，LGESQL提出了两个创新点。

首先，在节点图的基础上构建线图（Line Graph），以增强数据库模式的表达。

其次，使用了Dual RGAT（Duel Relation Graph Attention Network，双重关系图注意力神经网络）。Dual RGAT分别对普通有向图和线性有向图进行编码。这些创新点使得LGESQL模型可以更好地完成NL2SQL任务。

在讨论LGESQL的详细方案之前，先对论文中提到的术语进行解释，可以参照图5-5的关系拓扑结构来理解。

1. 元路径

如图5-5a所示，元路径表示一条由问题、表格和列组成的路径。论文中提出了一些经验性的元路径。

1）每一个问题节点准确匹配到列节点，而每一个列节点属于对应的表节点。

2）如果问题节点跳转到另一个问题节点，则距离增加1，同时联结另一个问题的部分匹配到一个表节点。

3）两个表节点通过一个共同的列节点得到外键关联的关系。关系Q-精确匹配-C和C-属于-T可以组成一个2跳的元路径，表示表t有一个列在问题中被精确匹配了。

在后续章节中，我们用局部来表示路径长度为1的关系，而用非局部表示路径长度大于1的关系。局部和非局部关系的区别可以参考图5-5b。LGESQL认为局部和非局部关系应该加以区分。

2. 线图

如图5-6所示，在原始节点图中，e1和e2两条边代表了节点间的关系。线图可以由原始节点图改造而来，如图5-6a所示。简单来说，线图使用节点（e1）来表示原图中的边（e1）信息，并且使用边来表示原图中两条边的共同节点，如图5-6b所示。也就是说，线图捕捉了原图中边（关系）的拓扑结构。注意，在构造线图的过程中，在原始节点图的两个节点中必须有一个中间节点同时作为一条边的起点和另一条边的终点，才会在线图中连上一条边，如图5-6b和图5-6c所示。构造线图的边的过程是没有回溯（No Back-tracking）的。例如在图5-6d中，如果出现两个节点互相为起始点，则两个节点之间的边在线图中不会相连。

使用线图的优势如下。

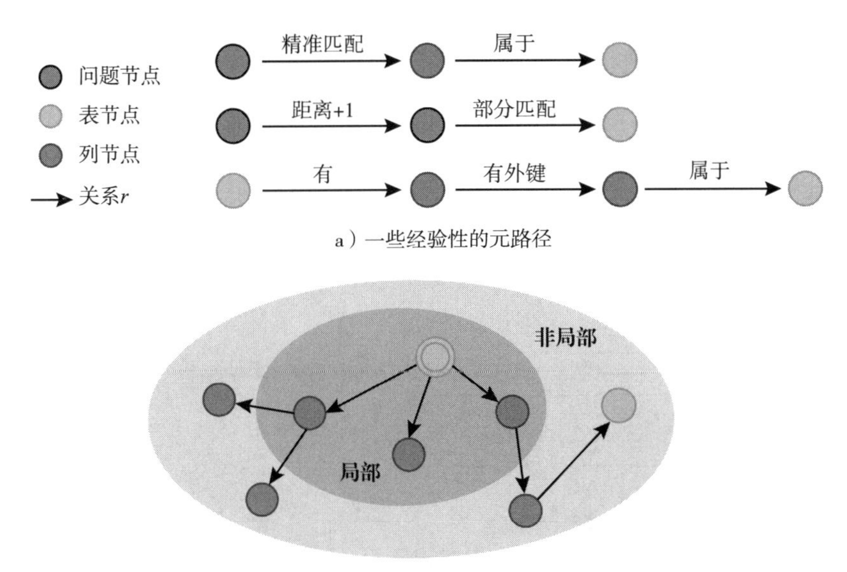

a）一些经验性的元路径

b）区别对待局部和非局部的邻居节点

图 5-5　关系拓扑结构

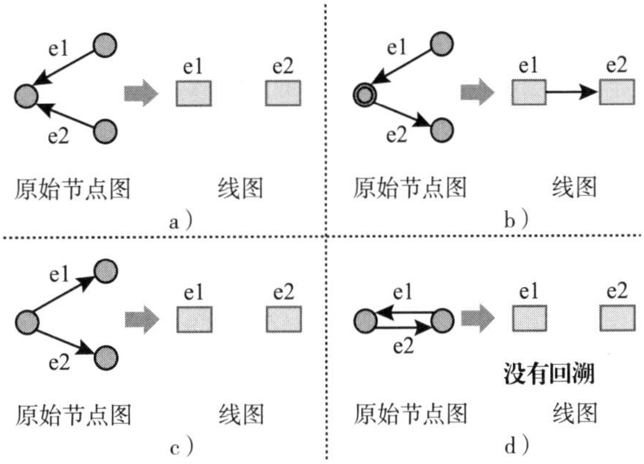

1）捕捉多跳关系：线图中的边表示原图中两条边的共同节点，因此可以捕捉原图中的多跳关系。这让模型可以学习到比 1 跳边（局部关系）更丰富的关系特征。

2）更高效地处理信息：在线图中，消息传递是通过节点和边，而不是由原图中的节点直接完成的。这种方式更高效，并能找到原图中非直接连接的非局部关系。

3）区分局部和非局部关系：线图明确地表示了原图中的边，这让模型可以区分局部边（1 跳）和非局部边（多跳）提供的信息。模型可以更多地利用局部边提供的信息。

e1　e2　原始节点图　线图　a）
e1　e2　原始节点图　线图　b）
e1　e2　原始节点图　线图　c）
e1　e2　没有回溯　原始节点图　线图　d）

图 5-6　线图

4）有助于发现有用的元路径：线图有助于发现原图中有用的多跳关系，即元路径。所以，线图不需要人工定义或穷举搜索所有可能的元路径。

5）避免过度平滑问题：区分局部边和非局部边有助于避免过度平滑问题。模型可以更多地关注局部邻居的信息，同时通过非局部边访问远程节点。

6）提高区分能力：LGESQL 提出的图剪枝技术，有助于提高编码器的区分能力。

5.4.2 LGESQL 模型框架

LGESQL 包括 3 个部分：图输入模块、线图增强隐藏模块和图输出模块，如图 5-7 所示。图输入模块和线图增强隐藏模块旨在将输入的异构图映射到节点嵌入向量。图输出模块将节点嵌入向量转换为目标 SQL。

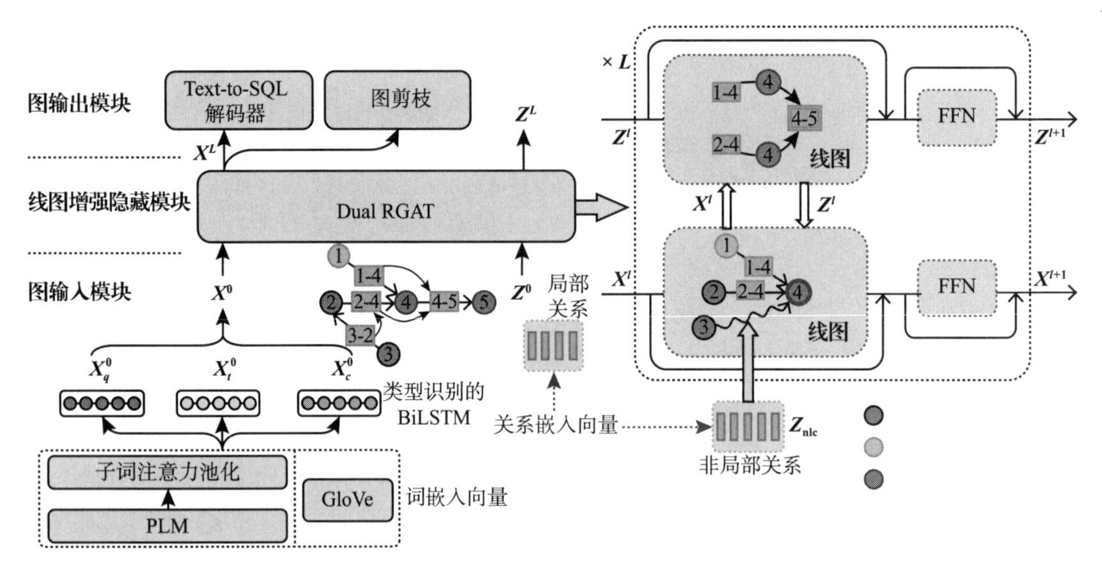

图 5-7 LGESQL 的解码与编码框架

注：标号①表示表节点，标号②③表示问题节点，标号④表示列节点，带有数字的方块表示边节点。Z^0 表示线图第 0 层节点的表征，Z^l 表示线图中第 l 层节点的表征，Z^L 表示线图第 L 层节点的表征。FFN 为前馈神经网络。

1. 图输入模块

图输入模块为节点和边提供初始的嵌入向量。我们直接从一个参数矩阵中取出边的初始嵌入向量，分别通过 GloVe 词向量库和预训练模型来获得节点的初始嵌入向量。

1）使用 BiLSTM 编码表示问题、表、列名对应节点的 GloVe 词嵌入向量，并与得到的节点嵌入向量进行组合，组成初始节点嵌入矩阵 $\boldsymbol{X}^0$。

2）在预训练模型中，我们将所有问题和数据库模式的名称组成一个序列，在数据库模式的每一个元素之前插入类型信息。获得每个元素的词嵌入向量后，按元素所属类型分别送入对应的 BiLSTM 中，将得到的节点嵌入向量进行组合，组成初始节点嵌入矩阵 $\boldsymbol{X}^0$。

2. 线图增强隐藏模块

线图增强隐藏模块的目的是同时捕获节点图和线图的结构信息。该模块共有 L 层，每一层都是 Dual RGAT，即每一层都有两个 RGAT。该模块的输出为 $\boldsymbol{X}^L$。

每个线图中的节点嵌入向量都表示了对偶图中的边的特征信息。线图增强隐藏模块中每一层的 Dual RGAT 的计算方法与 RATSQL 的一致。LGESQL 针对节点图中的高阶邻域采用了静态和动态的混合特征以及多头与多视图的拼接方法，以将更远的节点及其边类型引入节点特征的更新过程中。这种方法不仅能利用节点图中的单跳邻居关系，还能利用多跳邻居关系，从而提升模型的性能。注意，这些远距离信息的边特征不会在迭代中被更新，仅能靠静态参数矩阵来初始化。其中，多头与多视图拼接方法是一种常用的方法。具体来说，在该方法中，节点分为两部分：一部分具有局部视野的头，这些头用于返回更新的特征；而在另外一部分中，每个节点都具有全局视野，返回的是从静态参数矩阵中获取的嵌入向量。为了更加形象地展示这个方法，来看如图5-8所示的例子。

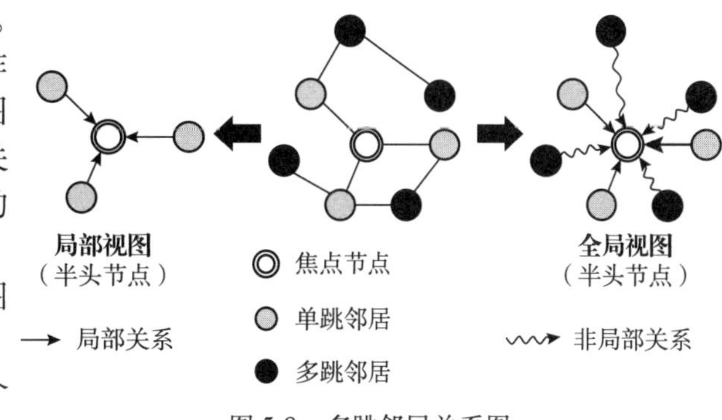

图5-8 多跳邻居关系图

LGESQL通过以下步骤构建线图。

1）从原图中提取局部关系，作为线图中的节点（边）。例如，原图中节点之间的单跳关系被视为局部关系，这些关系被提取出来作为线图的节点。

2）为了便于查找，给每个线图中的节点分配一个唯一的标识。

3）添加线图中的边。如果两个原图中的边共享一个公共节点，就在线图中为这两个节点填加一条边。

4）没有回溯。要避免让原图中的两个反向边在线图中连接，这可能会导致信息循环传播。

5）为线图中的节点和边初始化嵌入向量。

6）在原图和对应的线图之间进行多次迭代，通过信息共享来更新节点和边的嵌入向量。

7）将线图中的边作为原图中边的特征。在原图的迭代中，使用线图的节点（边）的嵌入向量来表示对应的局部边的特征。

8）整合局部边和非局部边的特征。通过不同的方式整合来自线图（局部边）和嵌入矩阵（非局部边）的特征。

构建线图后，利用传统的编码器-解码器结构作为主体架构进行模型训练。

3. 图输出模块

最后一个模块是图输出模块，模块包含两个任务：一个是主任务，用于解码Text-to-SQL；另一个是附加任务，即图剪枝。

1）Text-to-SQL解码器：采用与RATSQL一样的句法解码器来生成AST，然后由AST转换为SQL语句。

2）图的主要目的是通过输入问题和数据库模式，让模型知道哪些表和列是最终输出SQL语句能用到的。在多任务学习的设计中，图剪枝模块对主任务效果的提升比较显著。

5.5 本章小结

本章探讨了GNN在NL2SQL任务上的相关研究，首先介绍了利用GNN进行模式编码的相关内容，然后介绍了Global GNN所做的改进，最后介绍了RATSQL与LGESQL。

CHAPTER6

第6章

基于中间表达的语义解析技术

SQL 本身的设计目的是准确地向数据库传达执行细节，而不仅仅是为了表达自然语言含义。因此，SQL 查询中会存在与自然语言表达不一致的地方。例如，我们在自然语言中不会显式地表达出 from、group by 和 having 等语句，而需要根据表结构和问题的对应关系来推断出这些语句。这就需要利用中间表达来解决这些缺失匹配（Mismatch）问题。IRNet 是一种基于中间表达的语义解析技术，它可以有效地解决复杂语句的解析问题，同时避免了端到端解决方案中存在的语法错误和泛化能力有限的问题。IRNet（Intermedite Representation Net）的优势是，它可以在中间表达的基础上建立更加准确的 SQL 查询语句，从而避免了语法错误的问题。

6.1 中间表达：IRNet

在语义解析任务中，中间表达是指在自然语言和 SQL 查询语言之间，通过语法模型自动化构建一种中间语言，来传递自然语言的语义信息和 SQL 语句的语法结构信息。

中间表达的设计目的是解决自然语言表达的意图和 SQL 中的实现细节不匹配问题。想要设计出合理的中间表达是一件比较困难的事情，很多研究工作都聚焦于此。在这些研究工作中比较突出的是 IRNet。

IRNet 创造性地构造了 SemQL 这样一种高效合理的中间表达语法结构，用来解决缺失匹配问题。在具有挑战性的 Text-to-SQL 数据集 Spider Benchmark 上，IRNet 超越原来的 SOTA 模型成绩（19.5%），准确率突破性地达到了 46.7%。另外，作者的实验显示，当使用 BERT（一种预训练模型）对 IRNet 进行增强的时候，IRNet 在 Spider 数据集上的准确率能够进一步提升到 54.7%。这说明合理的中间表达（如 SemQL）能够显著地提升从复杂自然语言到 SQL 的转译效果。

图 6-1 展示了 IRNet 的整体模型架构。

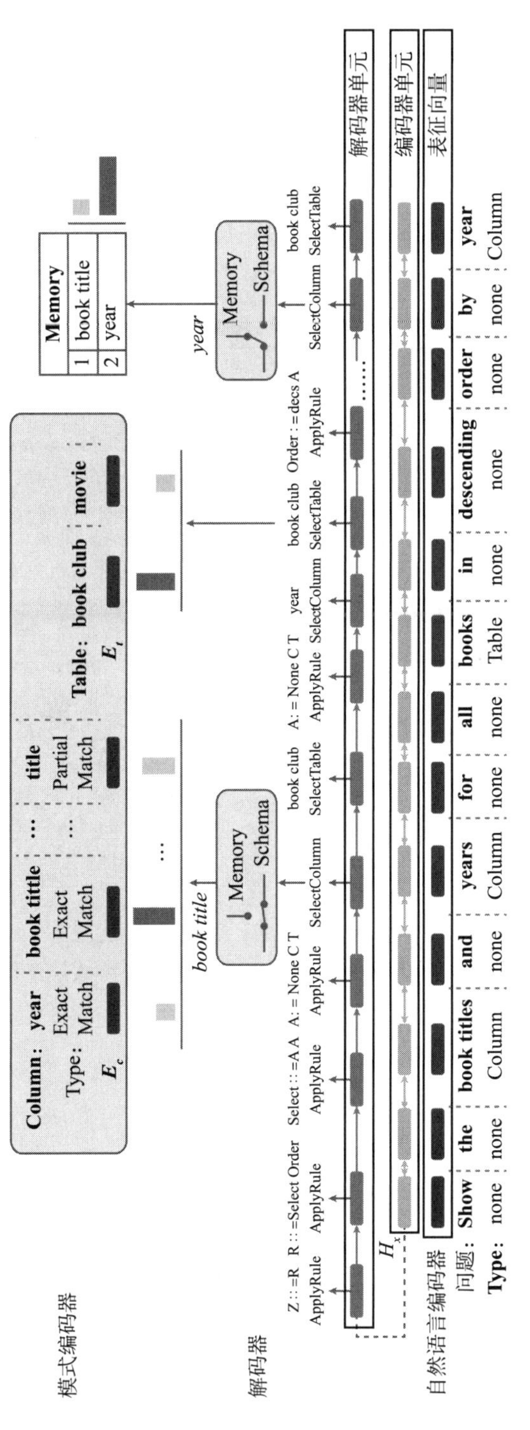

图 6-1　IRNet 模型架构

6.2　引入中间表达层 SemQL

为解决缺失匹配的问题，IRNet 精心设计了语法模型来生成中间结构 SemQL 作为过渡。为了让 SemQL 和自然语言之间有更好的映射关系，SemQL 是由严格的语法规则构建的。

我们以图 6-2 所示的自然语言问句及其对应的 SQL 查询语句为例，来描述如何构造相应的 SemQL 中间表达结构。

```
自然语言：Show the names of students who have a grade higher
          than 5 and have at least 2 friends.
     SQL：select T1. name
          from friend AS T1 JOIN highschooler AS T2
          ON T1. student_id=T2. id where T2. grade > 5
          group by T1. student_id having count(*) >= 2
```

图 6-2　自然语言问句及其对应 SQL 语句

SemQL 作为自然语言问句和 SQL 的中间桥梁，其语法结构被设计为如图 6-3 所示的树形结构。其中 Z 是根节点，R 表示一个 SQL 语句。树形结构可以有效约束搜索空间，且有利于 SQL 语句的生成。

```
         Z :: = intersect R R | union R R | except R R | R
         R :: = select | select filter | select order
                | select Superlative | select order filter
                | select Superlative Filter
    select :: = A | AA | AAA | AAAA | AA…A
     order :: = asc A | desc A
suerlative :: = most A | least A
    filter :: = and filter filter | or filter filter
                | >A | >AR | <A | <AR
                | ≥A | ≥AR | =A | =AR
                | ≠A | ≠AR | between A
                | like A | not like A | in A R | not in A R
         A :: = max C T | min C T | count C T
                | sum C T | avg C T | none C T
         C :: = column.
         T :: = table
```

图 6-3　SemQL 的语法

根据 SemQL 语法树结构，完成解析的问句样例如图 6-4 所示。

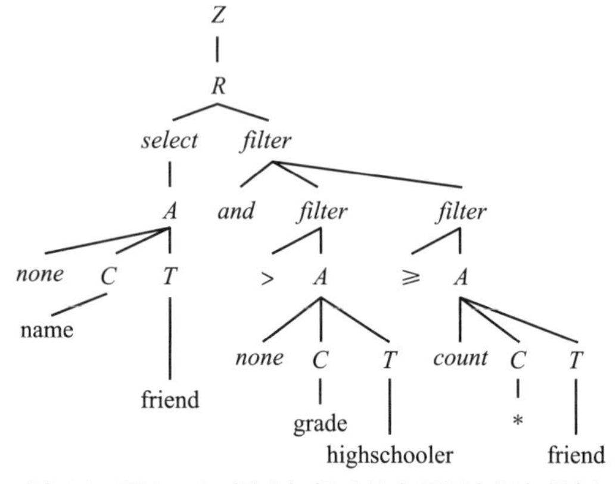

图 6-4　用 SemQL 语法解析后的自然语言问句样例

受到 Lambda DCS（英文为 Lambda Dependency-based Compositional Semantics，是一种用于表示查询的经典逻辑语言）的启发，SemQL 被设计为一种树形结构，因为树形结构可以有效地限制解析过程的搜索空间。另外，SQL 本身也是树形结构，这样就使得翻译过程更加顺畅且匹配度更高。

提示：Lambda DCS 是一种自然语言理解领域的语义解析框架。Lambda DCS 使用 λ 演算（Lambda Calculus）来表示逻辑表达式，并使用依赖图（Dependency Graph）表示句子中的语义和语法结构。这种方法的优点是可以通过组合单词和短语生成逻辑表达式，同时具有可组合性和可扩展性。Lambda DCS 也可以与其他 NLP 技术进行集成，如文本分类、实体识别和关系抽取等。通过这些技术，Lambda DCS 可以更准确地理解自然语言句子，并生成相应的逻辑表达式，从而应用于对话系统、问答系统、自然语言推理等场景中。

可以看到，对 SQL 语句进行 SemQL 改写后，在 SemQL 结构中不再出现 groupby、having、from 等条件，取而代之的是 filter 子树。这种中间表征可以根据 SQL 语法特征很容易地转换为相应的 SQL 语句。

下面详细说明如何采用神经网络模型来完成 SemQL 表征的生成。

由图 6-1 可知，模型总共由 3 部分组成：自然语言编码器、模式编码器以及解码器。其中，自然语言编码器负责对自然语言问句进行编码，模式编码器负责对模式进行编码，解码器则负责合成 SemQL 查询语句。

（1）自然语言编码器

我们利用模式链接的结果将自然语言问句转换为以下序列，并作为自然语言编码器的输入：

$$x=[(x_1,T_1),...,(x_i,T_i)] \tag{6-1}$$

其中，x_i 是问句的第 i 个 gram 子串，T_i 为子串的模式链接类型（表，列，值）。x_i 和 T_i 都被转换为嵌入表征向量，并由自然语言编码器将其平均值 e_{xi} 编码为隐向量。然后经由 BiLSTM 进行进一步编码。

（2）模式编码器

数据库的模式定义如式（6-2）所示：

$$s=(c,t) \tag{6-2}$$

其中，c 是由数据库中列名和其相应的数据类型构成的集合，$t=\{t_1,\cdots,t_m\}$ 则是由表名构成的集合，s 包含表和列的信息。

将 s 作为模式编码器的输入，通过注意力机制得到列和表的相应表征，并作为模式编码器的输出。

（3）解码器

为了生成 SemQL 查询语句，需要一种解码器来完成这项任务。参考 grammar-based decoder（Yin and Neubig，2017，2018），我们采用 LSTM 并定义了 3 种动作机制来依次完成语法树的构建和列名及表名的填充。

这 3 种动作机制分别是 APPLYRULE、SELECTCOLUMN 以及 SELECTTABLE。

- APPLYRULE：选择特定的规则来生成语法树。
- SELECTCOLUMN：从模式中选择对应的列名进行填充。
- SELECTTABLE：从模式中选择对应的表名进行填充。

下面对 SELECTCOLUMN 和 SELECTTABLE 动作机制进行简单介绍。

我们通过设计一种记忆增强的指针网络（通过将首尾位置作为模型预测目标的神经网络）来完成 SELECTCOLUMN。所谓记忆增强就是通过构建一个存储单元来记忆存储所选的列。当进行列的选择时，通过算法来决定是选择记忆单元的列还是选择模式中的列。被选中的列将会被移出模式，并添加到记忆存储单元中。

6.3　IRNet代码精析

根据对IRNet架构的理解，我们可以将模型的训练过程分为3个部分，分别是模式链接、SemQL的生成以及SQL语句的生成。

IRNet中模式链接具体的做法如下。

1）对输入的问题进行n元语法（n-gram）枚举，以得到所有的单词组合。

2）识别并匹配数据库的表、列、值。如果n-gram可以完全匹配或者部分匹配上某个列的名称，则识别为列；如果某个n-gram同时被识别为列和表，那么优先认为它是一个列。

3）识别完成后，输入的问题会被分成各个Span（分段），每个Span会进一步被标识为一个具体的类别，如column、table、none等。通过连接那些已识别的n-gram和剩余的1-gram，得到输入问题的一个非重叠的n-gram序列。从代码清单6-1中可以看到问句的模式链接结果。

6.3.1　模式链接代码实现

下面基于Python实现上述的模式链接策略。我们创建一个数据处理函数（process_datas）来实现对问题的n-gram分词识别，即对表、列、值的操作。

首先，定义3种可能出现在问题中的实体类型——表、列、值。

1. 列名实体和表实体的识别

对于每个句子，使用n-gram枚举出所有可能的单词组合，这里使用两种匹配方式：完全匹配和模糊匹配。

1）完全匹配：当前n-gram与列名或者表名完全一致。使用n-gram进行完全匹配的过程如代码清单6-1所示。

代码清单6-1　使用n-gram进行完全匹配

```
def fully_part_header(toks,idx, num_toks, header_toks):
    for endIdx in reversed(range(idx + 1, num_toks+1)):
        sub_toks =toks[idx: endIdx]
        if len(sub_toks) >1:
            sub_toks =" ".join(sub_toks)
            if sub_toks in header_toks:
                return endIdx, sub_toks
    return idx, None
```

2）模糊匹配：当前n-gram包含在列名或者表名字符串中。使用n-gram进行模糊匹配的过程如代码清单6-2所示。

代码清单6-2　使用n-gram进行模糊匹配

```
def partial_header(toks,idx,header_toks):
```

```
def check_in(list_one,list_two):
    if len(set(list_one) & set(list_two))==len(list_one) and (len(list_two) <= 3):
        return True
for endIdx in reversed(range(idx + 1,len(toks))):
    sub_toks =toks[idx: min(endIdx,len(toks))]
    if len(sub_toks) >1:
        flag_count=0
        tmp_heads =None
        for heads in header_toks:
            if check_in(sub_toks, heads):
                flag_count+=1
                tmp_heads=heads
        if flag_count==1:
            returnendIdx,tmp_heads
return idx,None
```

3）在匹配的过程中，如果 n-gram 同时匹配上列名和表名，将列名的匹配结果给予更高的优先级。

```
while idx < num_toks:
    # 完全匹配
    # 匹配列名实体
    end_idx, header=fully_part_header(question_toks,idx, num_toks, header_toks)  # 枚
        举并匹配列名实体
    if header:
        tok_concol.append(question_toks[idx: end_idx])
        type_concol.append(["col"])
        idx=end_idx
        continue
    # 匹配表名实体
    # 枚举并匹配表名实体
    end_idx, tname=group_header(question_toks,idx,num_toks,table_names)
    if tname:
        tok_concol.append(question_toks[idx: end_idx])
        type_concol.append(["table"])
        idx=end_idx
        continue
```

4）我们定义了 7 种聚合操作：average、sum、max、min、minimum、maximum、between，然后通过问句进行 n-gram 的匹配，如代码清单 6-3 所示。

同样的匹配过程还适用于 more、most、year 等关键词。

代码清单 6-3　聚合操作

```
# 匹配聚合操作
    end_idx,agg=group_header(question_toks, idx, num_toks, AGG)# 将问句的 n-gram 特征与
        聚合操作的文本进行匹配
```

```
    if agg:
        tok_concol.append(question_toks[idx: end_idx])
        type_concol.append(["agg"])
        idx=end_idx
        continue
```

同样的匹配过程还适用于more、most、year等关键词。

```
if nltk_result[idx][1]=='RBR'or nltk_result[idx][1] == 'JJR':
        tok_concol.append([question_toks[idx]])
        type_concol.append(['MORE'])
        idx += 1
        continue
    if nltk_result[idx][1] == 'RBS'or nltk_result[idx][1] == 'JJS':
        tok_concol.append([question_toks[idx]])
        type_concol.append(['MOST'])
        idx += 1
        continue
    if num2year(question_toks[idx]):
        question_toks[idx]='year'
        end_idx, header=group_header(question_toks,idx, num_toks, header_toks)
    if header:
        tok_concol.append(question_toks[idx: end_idx])
        type_concol.append(["col"])
        idx=end_idx
        continue
```

2. 值的识别

这里先介绍一下ConceptNet。ConceptNet是一个基于人工智能的开源语义网络，其目标是建立一个知识图谱，用于自然语言理解和人工智能应用中。该语义网络包括数百万个节点和关系，节点包括常见的单词、短语和实体，而关系则表示这些节点之间的语义联系，例如is-a、part-of、related-to等。

ConceptNet可将各种常见的知识和概念转化为计算机可处理的形式，从而使得机器在处理自然语言时能够更好地理解上下文和语义。

同时，ConceptNet还提供了API接口，使得其可以与其他机器学习和NLP工具进行集成使用。这使得它在人工智能应用中具有广泛的应用前景，例如在推荐系统、智能对话机器人、语音识别等领域中都有潜在的应用价值。

对于值的识别，我们将值在ConceptNet中进行查询，得到对应的概念，然后与所有的列名进行匹配，从而得到最可能的匹配列名。值匹配的详细代码如代码清单6-4所示。

代码清单6-4 值匹配

```
end_idx,values=group_values(origin_question_toks,idx, num_toks)
```

```
            if values and (len(values) > 1 or question_toks[idx - 1] not in ['? ', '.']):
                tmp_toks = [wordnet_lemmatizer.lemmatize(x) for x in question_toks[idx: end_
                    idx] if x.isalnum() is True]
                assert len(tmp_toks) > 0,print(question_toks[idx: end_idx],values,question_
                    toks,idx,end_idx)
                pro_result = get_concept_result(tmp_toks,english_IsA)
                if pro_result is None:
                      pro_result = get_concept_result(tmp_toks,english_RelatedTo)
                if pro_result is None:
                    pro_result = "NONE"
                for tmp in tmp_toks:
                    tok_concol.append([tmp])
                    type_concol.append([pro_result])
                    pro_result = "NONE"
                idx = end_idx
                continue
            result = group_digital(question_toks, idx)
            if result is True:
                tok_concol.append(question_toks[idx: idx + 1])
                type_concol.append(["value"])
                idx += 1
                continue
```

通过以上这些关键字段的匹配，我们完成了模式链接任务。

6.3.2 SemQL 的生成

如前所述，中间表达的生成是为了解决自然语言问句与 SQL 查询之间的不匹配问题。接下来，我们从具体代码层面来描述如何构造 SemQL 中间表达。

根据图 6-3 所示的 SemQL 语法，我们分别创建相应的类，通过类属性 self.grammar_dict 来映射相应的 SQL 语法规则。

1）此处使用代码清单 6-5 中的编码方法定义 Root1 类，以编码 SQL 是否有嵌套及属于哪一种嵌套类型。Root1 类中编码的 SQL 嵌套类型具体分为 4 类：非嵌套、UNION 嵌套、EXCEPT 嵌套、INTERSECT 嵌套。

代码清单 6-5 嵌套编码

```
class Root1(Action):
    def __init__(self, id_c,parent = None):
        super(Root1, self).__init__()
        self.parent = parent
        self.id_c = id_c
        self._init_grammar()
        self.production = self.grammar_dict[id_c]
    @ classmethod
    def _init_grammar(self):
        # TODO: should add Root grammar to this
```

```
        self.grammar_dict = {
            0:'Root1 intersect Root Root',
            1:'Root1 union Root Root',
            2:'Root1 except Root Root',
            3:'Root1 Root',
        }
        self.production_id = {}
        for id_x, value in enumerate(self.grammar_dict.values()):
          self.production_id[value] = id_x
        return self.grammar_dict.values()
    def __str__(self):
        return'Root1('+ str(self.id_c) + ')'
    def __repr__(self):
        return'Root1('+ str(self.id_c) + ')'
```

2）定义Root类来实现对6种常见SQL语句的编码，如代码清单6-6所示。

代码清单6-6 SQL语句的编码实现

```
class Root(Action):
    def __init__(self, id_c,parent=None):
        super(Root, self).__init__()
        self.parent = parent
        self.id_c = id_c
        self._init_grammar()
        self.production = self.grammar_dict[id_c]
    @ classmethod
    def _init_grammar(self):
        # TODO: should add Root grammar to this
        self.grammar_dict = {
            0:'Root Sel Sup Filter',
            1:'Root Sel Filter Order',
            2:'Root Sel Sup',
            3:'Root Sel Filter',
            4:'Root Sel Order',
            5:'Root Sel'
        }
        self.production_id = {}
        for id_x, value in enumerate(self.grammar_dict.values()):
            self.production_id[value] = id_x
        return self.grammar_dict.values()
    def __str__(self):
        return'Root('+ str(self.id_c)+')'
    def __repr__(self):
        return'Root('+ str(self.id_c)+')'
```

3）定义N类实现对列数目的编码，如代码清单6-7所示：

代码清单 6-7　列数目的编码实现

```
class N(Action):
    """
    列的数目
    """
    def __init__(self, id_c,parent=None):
        super(N, self).__init__()
        self.parent=parent
        self.id_c=id_c
        self._init_grammar()
        self.production=self.grammar_dict[id_c]
    @ classmethod
    def _init_grammar(self):
        self.grammar_dict={
          0:'N A',
          1:'N A A',
          2:'N A A A',
          3:'N A A A A',
          4:'N A A A A A'
        }
        self.production_id={}
        for id_x, value in enumerate(self.grammar_dict.values()):
            self.production_id[value]=id_x
        return self.grammar_dict.values()
    def __str__(self):
        return'N('+ str(self.id_c) + ')'
    def __repr__(self):
        return'N('+ str(self.id_c) + ')'
```

4）定义 C 类实现对列名的编码，如代码清单 6-8 所示：

代码清单 6-8　列名的编码实现

```
class C(Action):
    """
    列名
    """
    def __init__(self, id_c,parent=None):
        super(C, self).__init__()
        self.parent=parent
        self.id_c=id_c
        self.production = 'C T'
        self.table =None
    def __str__(self):
        return'C('+ str(self.id_c) + ')'
    def __repr__(self):
        return'C('+ str(self.id_c) + ')'
```

5）定义T类实现对表名的编码，如代码清单6-9所示：

代码清单6-9　表名的编码实现

```
class T(Action):
    """
    表名
    """
    def __init__(self, id_c,parent=None):
        super(T, self).__init__()
        self.parent=parent
        self.id_c=id_c
        self.production='T min'
        self.table =None
    def __str__(self):
        return'T('+ str(self.id_c) + ')'
    def __repr__(self):
        return'T('+ str(self.id_c) + ')'
```

6）定义A类实现对聚合函数类型的编码，如代码清单6-10所示：

代码清单6-10　聚合函数类型的编码实现

```
class A(Action):
    """
    聚合函数
    """
    def __init__(self, id_c,parent=None):
        super(A, self).__init__()
        self.parent=parent
        self.id_c=id_c
        self._init_grammar()
        self.production=self.grammar_dict[id_c]
    @ classmethod
    def _init_grammar(self):
        self.grammar_dict={
            0:'A none C',
            1:'A max C',
            2:"A min C",
            3:"A count C",
            4:"A sum C",
            5:"A avg C"
        }
        self.production_id={}
        for id_x, value in enumerate(self.grammar_dict.values()):
            self.production_id[value]=id_x
        return self.grammar_dict.values()
    def __str__(self):
        return'A('+ str(self.id_c) + ')'
```

```
    def __repr__(self):
        return'A('+ str(self.grammar_dict[self.id_c].split('')[1]) + ')'
```

7）定义 Filter 类对不同的过滤条件进行编码，如代码清单 6-11 所示。

代码清单 6-11　过滤条件的编码实现

```
class Filter(Action):
    """
    过滤条件
    """
    def __init__(self, id_c,parent=None):
        super(Filter, self).__init__()
        self.parent=parent
        self.id_c=id_c
        self._init_grammar()
        self.production=self.grammar_dict[id_c]
    @ classmethod
    def _init_grammar(self):
        self.grammar_dict={
            #0: "Filter 1"
            0: 'Filter and Filter Filter',
            1: 'Filter or Filter Filter',
            2: 'Filter=A',
            3: 'Filter! = A',
            4: 'Filter < A',
            5: 'Filter > A',
            6: 'Filter <= A',
            7: 'Filter >= A',
            8: 'Filter between A',
            9: 'Filter like A',
            10: 'Filter not_like A',
            # now begin root
            11: 'Filter=A Root',
            12: 'Filter < A Root',
            13: 'Filter > A Root',
            14: 'Filter! = A Root',
            15: 'Filter between A Root',
            16: 'Filter >= A Root',
            17: 'Filter <= A Root',
            # now for In
            18: 'Filter in A Root',
            19: 'Filter not_in A Root'
        }
        self.production_id={}
        for id_x, value in enumerate(self.grammar_dict.values()):
            self.production_id[value]=id_x
        return self.grammar_dict.values()
    def __str__(self):
```

```
        return 'Filter('+ str(self.id_c) + ')'
    def __repr__(self):
        return 'Filter('+ str(self.grammar_dict[self.id_c]) + ')'
```

8）定义order类对order by语法进行编码，如代码清单6-12所示：

代码清单6-12　order by语法的编码实现

```
class Order(Action):
    """
    Order
    """
    def __init__(self, id_c,parent=None):
        super(Order, self).__init__()
        self.parent=parent
        self.id_c=id_c
        self._init_grammar()
        self.production=self.grammar_dict[id_c]
    @ classmethod
    def _init_grammar(self):
        self.grammar_dict={
            0:'Order des A',
            1:'Order asc A',
        }
        self.production_id={}
        for id_x, value in enumerate(self.grammar_dict.values()):
            self.production_id[value]=id_x
        return self.grammar_dict.values()
    def __str__(self):
        return'Order('+ str(self.id_c) + ')'
    def __repr__(self):
        return'Order('+ str(self.id_c) + ')'
```

9）定义Sup类对order by和limit语法进行编码，如代码清单6-13所示。

代码清单6-13　order by与limit语法的编码实现

```
class Sup(Action):
    """
    Superlative
    """
    def __init__(self, id_c,parent=None):
        super(Sup, self).__init__()
        self.parent=parent
        self.id_c=id_c
        self._init_grammar()
        self.production=self.grammar_dict[id_c]
    @ classmethod
    def _init_grammar(self):
```

```
        self.grammar_dict={
            0:'Sup des A',
            1:'Sup asc A',
        }
        self.production_id={}
        for id_x, value in enumerate(self.grammar_dict.values()):
            self.production_id[value]=id_x
        return self.grammar_dict.values()
    def __str__(self):
        return'Sup('+ str(self.id_c) + ')'
    def __repr__(self):
        return'Sup('+ str(self.id_c) + ')'
```

通过以上的语法规则编码，我们将 SQL 语法和 SemQL 表达进行了完备的映射。接下来对网络模型的代码进行解析，即对 NL 编码器、Schema 编码器和解码器进行解析。

6.3.3 SQL 语句的生成

从 SemQL 表征到 SQL 语句的生成过程，IRNet 采用了 Coarse-to-fine 框架，分两阶段完成这个转译过程，Coarse-to-fine 框架如图 6-5 所示。

1）通过骨干解码器（Skeleton Decoder）生成 SemQL 的骨干结构。

2）通过细节解码器（Detail Decoder）来填充所选择的列名和表名。

3）根据 SQL 语句的语法规则生成相应的 SQL 查询语句。

通过加载公开数据集 GloVe 来预训练词向量（见代码清单 6-14，源码地址为 https://nlp.stanford.edu/projects/glove/）进行自然语言问句的编码嵌入。

代码清单 6-14　加载 GloVe 来预训练词向量

```
def load_word_emb(file_name, use_small=False):
    print ('Loading word embedding from % s'% file_name)
    ret={}
    with open(file_name) as inf:
        for idx, line in enumerate(inf):
            if (use_small and idx >= 500000):
                break
            info=line.strip().split(' ')#获取 GloVe 词嵌入
            if info[0].lower() not in ret:
                # 建立 GloVe 词向量库所构成的字典
                ret[info[0]]=np.array(list(map(lambda x:float(x), info[1:])))
    return ret
```

SQL 语句的生成依赖自然语言的问题和数据库中定义的表结构，下面使用词向量对自然语言问句和表结构进行编码。

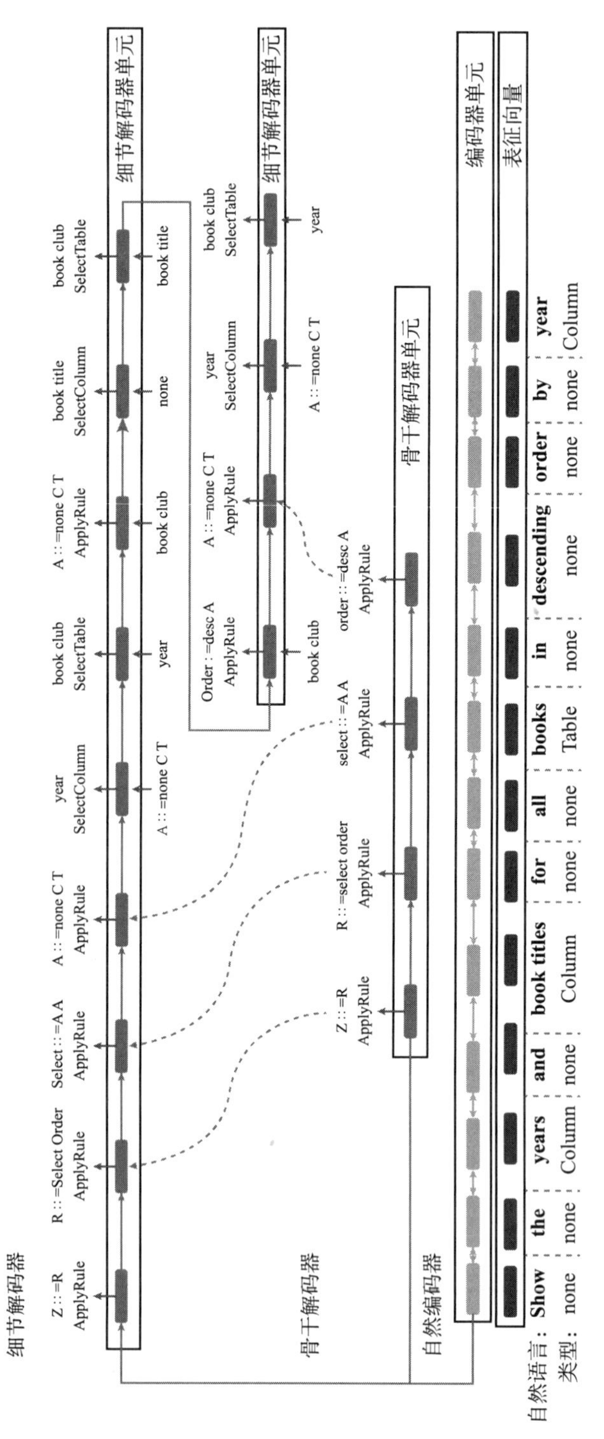

图 6-5 Coarse-to-fine 框架

1. 自然语言编码器

例如，对已经切分好的自然语言问句进行词嵌入编码，词嵌入编码方法如代码清单 6-15 所示。

代码清单 6-15　词嵌入编码

```
def gen_x_batch(self,q):#加载问题的嵌入表征，并将同一批次句子按照最大长度补齐
    B =len(q)
    val_embs =[]
    val_len=np.zeros(B, dtype=np.int64)
    is_list =False
    if type(q[0][0]) == list:
        is_list=True
    for i, one_q in enumerate(q):
        if not is_list:
            q_val=list(
                map (lambda x: self.word_emb.get(x, np.zeros(self.args.col_embed_size,
                    dtype=np.float32)), one_q))#对一个字段中的所有词进行 GloVe 词嵌入的获取
        else:
            q_val =[]
            for ws in one_q:
                emb_list =[]
                ws_len=len(ws)
                for w in ws:
                    emb_list.append(self.word_emb.get(w, self.word_emb['unk']))
                    # 加载 question_span embedding，对每个 Span 中的所有词 embedding 进行平均，
                    得到 span embedding
                    # 稍后词嵌入还要与类别嵌入进行连接
                if ws_len == 0:
                    raise Exception("word list should not be empty!")
                elif ws_len == 1:
                    q_val.append(emb_list[0])
                else:
                    q_val.append(sum(emb_list) /float(ws_len))# 将一个字段中所有词嵌入向量
                    进行平均，然后作为该字段的初始嵌入表征
        val_embs.append(q_val)
        val_len[i]=len(q_val)
    max_len=max(val_len)#一个批次里面的最大句长
    val_emb_array=np.zeros((B,max_len, self.args.col_embed_size),dtype=np.float32)
    for i in range(B):
        for t in range(len(val_embs[i])):
            val_emb_array[i, t,:]=val_embs[i][t]
    val_inp=torch.from_numpy(val_emb_array)
    if self.args.cuda:
        val_inp=val_inp.cuda()
    return val_inp
```

2. 模式编码器

对各个词的类型（可能的列名、表名、聚合操作）进行编码嵌入，如代码清单 6-16 所示：

代码清单 6-16　对词的类型进行编码嵌入

```
def input_type(self, values_list):
    B=len(values_list)
    val_len =[]
    for value in values_list:
        val_len.append(len(value))
    max_len=max(val_len)
    # for the Begin and End
    # 加载类型 embedding
    val_emb_array=np.zeros((B, max_len, values_list[0].shape[1]), dtype=np.float32)
    for i in range(B):
        val_emb_array[i, :val_len[i],:]=values_list[i][:, :]
    val_inp=torch.from_numpy(val_emb_array)
    if self.args.cuda:
        val_inp=val_inp.cuda()
    val_inp_var=Variable(val_inp)
    return val_inp_var
```

此时对得到的自然语言问句的每个词嵌入和词的类型嵌入进行平均，作为一个词的初始嵌入。

同样，使用 GloVe 预训练数据集对数据库中的列名（包含类型），表名也进行嵌入初始化。将每个列名的所有词嵌入进行平均，作为一个列名的初始表达，再通过以下操作得到列嵌入的初始输入。

其中求列嵌入初始输入的操作在 BasicModel 类的 embedding_cosine 中的实现如代码清单 6-17 所示。

代码清单 6-17　列嵌入在 embedding_cosine 中的实现

```
def embedding_cosine(self, src_embedding, table_embedding, table_unk_mask):#求列嵌入初
    始输入
    embedding_differ =[]
    for i in range(table_embedding.size(1)):
        one_table_embedding=table_embedding[:, i,:]
        one_table_embedding=one_table_embedding.unsqueeze(1).expand(table_embedding.size
        (0), src_embedding.size(1), table_embedding.size(2))
        topk_val=F.cosine_similarity(one_table_embedding, src_embedding, dim=-1)
        embedding_differ.append(topk_val)
    embedding_differ=torch.stack(embedding_differ).transpose(1, 0)
    embedding_differ.data.masked_fill_(table_unk_mask.unsqueeze(2).expand(
        table_embedding.size(0),
        table_embedding.size(1),
        embedding_differ.size(2)
```

```
    ).bool(), 0)
    return embedding_differ
```

其余简单求和操作在 IRNet 类中实现。

求表名的初始嵌入输入也是这么做的，但是表名嵌入不包含类型嵌入。

3. 解码器

解码器主要作用是生成自然语言问句可能对应的 SemQL。生成过程是基于前一阶段生成的动作来计算当前可能的各种动作的转移概率，选择可能的动作，最后得到多个（从前到后）完整、具体的 SemQL 形式，最后对所有 SemQL 形式进行得分的排序，找到最可能的 SemQL 表达式：

主要实现代码在 IRNet 类的 parse 函数中，如代码清单 6-18 所示。

代码清单 6-18　parse 函数

```
def parse(self, examples, beam_size=5):
  """
  one example a time
  :param examples:
  :param beam_size:
  :return:
  """
  ......
  return [completed_beams, sketch_actions]
```

如上述代码所示，在生成 SemQL 具体表达的时候，分为两个步骤：①先结合自然语言输入问题嵌入预测出可能的结构动作；②填充问题中匹配到的列名、表名、聚合操作等（同上）。

生成 SemSQL 的过程在 step 函数中实现，如代码清单 6-19 所示。

代码清单 6-19　step 函数实现

```
def step(self,x, h_tm1, src_encodings, src_encodings_att_linear, decoder, attention_
    func, src_token_mask=None,
        return_att_weight=False):
    # h_t: (batch_size, hidden_size)
    h_t, cell_t =decoder(x, h_tm1)
    ctx_t, alpha_t=nn_utils.dot_prod_attention(h_t,
                                  src_encodings, src_encodings_att_linear,
                                  mask=src_token_mask)
    att_t=F.tanh(attention_func(torch.cat([h_t, ctx_t], 1)))
    att_t=self.dropout(att_t)
    if return_att_weight:
        return (h_t, cell_t), att_t, alpha_t
    else:
        return (h_t, cell_t), att_t
```

此处采用指针网络进行表名和列名的选取以及聚合操作的预测，实现如代码清单6-20所示。

代码清单6-20　表名、列名选取、聚合操作的预测

```
a_tm1_embeds=torch.stack(a_tm1_embeds)
    inputs=[a_tm1_embeds]
    #tgt t-1 action type
    for e_id, example in enumerate(examples):
        if t < len(example.tgt_actions):
            action_tm=example.tgt_actions[t - 1]
            pre_type=self.type_embed.weight[self.grammar.type2id[type(action_tm)]]
        else:
            pre_type=zero_type_embed
        pre_types.append(pre_type)
    pre_types=torch.stack(pre_types)
    inputs.append(att_tm1)
    inputs.append(pre_types)
    x=torch.cat(inputs, dim=-1)
src_mask=batch.src_token_mask
(h_t, cell_t), att_t, aw=self.step(x, h_tm1, src_encodings,
                           utterance_encodings_lf_linear,self.lf_decoder_lstm,
                           self.lf_att_vec_linear,
                           src_token_mask=src_mask, return_att_weight=True)
apply_rule_prob=F.softmax(self.production_readout(att_t), dim=-1)
table_appear_mask_val=torch.from_numpy(table_appear_mask)
if self.cuda:
    table_appear_mask_val=table_appear_mask_val.cuda()
if self.use_column_pointer:
    gate=F.sigmoid(self.prob_att(att_t))
    weights = self.column_pointer_net(src_encodings=table_embedding, query_vec=att_
            t.unsqueeze(0),
                               src_token_mask=None) * table_appear_mask_val * gate +
            self.column_pointer_net(
        src_encodings=table_embedding, query_vec=att_t.unsqueeze(0),
        src_token_mask=None) * (1 - table_appear_mask_val) * (1 - gate)
else:
    weights = self.column_pointer_net(src_encodings = table_embedding, query_vec = att_
        t.unsqueeze(0),
                             src_token_mask=batch.table_token_mask)# 生成列权重值
# 对列权重值采用Softmax进行归一化处理
weights.data.masked_fill_(batch.table_token_mask.bool(), -float('inf'))
column_attention_weights=F.softmax(weights, dim=-1)
table_weights=self.table_pointer_net(src_encodings=schema_embedding, query_vec=att_
    t.unsqueeze(0),
                               src_token_mask=None)# 生成表的权重值
schema_token_mask=batch.schema_token_mask.expand_as(table_weights)
table_weights.data.masked_fill_(schema_token_mask.bool(), -float('inf'))
table_dict=[batch_table_dict[x_id][int(x)] for x_id, x in enumerate(table_enable.tolist())]
```

```
table_mask=batch.table_dict_mask(table_dict)
table_weights.data.masked_fill_(table_mask.bool(), -float('inf'))
table_weights=F.softmax(table_weights, dim=-1)
# now get the loss
for e_id, example in enumerate(examples):# e_id 表示第几个 SemQL
    if t < len(example.tgt_actions):
        action_t=example.tgt_actions[t]# SemQL 中 rule_label 的第 t 个操作
        if isinstance(action_t, define_rule.C):
            table_appear_mask[e_id, action_t.id_c]=1
            table_enable[e_id]=action_t.id_c
            act_prob_t_i=column_attention_weights[e_id, action_t.id_c]
            action_probs[e_id].append(act_prob_t_i)
        elif isinstance(action_t, define_rule.T):
            act_prob_t_i=table_weights[e_id, action_t.id_c]
            action_probs[e_id].append(act_prob_t_i)
        elif isinstance(action_t, define_rule.A):
              act_prob_t_i = apply_rule_prob[e_id, self.grammar.prod2id[action_
              t.production]]
            action_probs[e_id].append(act_prob_t_i)
        else:
            pass
```

最后会得到针对一条自然语言问句对应的多个可能的 SemQL 的具体表达，实际选择得分最高的即可，至此解码器过程结束。IRNet 类中还定义了前馈训练函数 forward，在 forward 函数中：

```
def forward(self,examples):
  …
  return [sketch_prob_var,lf_prob_var]
```

forward 和 parse 是监督式训练过程中的两个概念，二者的主要区别在于：forward 会根据 SemSQL 语法直接对预处理好的训练集中的单条样本直接生成 SemSQL 表达式，同时进行神经网络的前向计算和反向传播；而 parse 需要预测多种 SemSQL 表达式，并进行得分排序。

完整的自然语言编码器、模式编码器以及解码器的操作都定义在 IRNet 类里面，详见 https://github.com/microsoft/IRNet。

6.4 本章小结

IRNet 通过构造合适的中间表达结构 SemQL，很大程度上解决了语义解析任务中的难题：匹配缺失，这对语义解析任务来说是一次比较重大的突破和革新。当然，模型的设计仍然有很多的提升空间。比如通过改进匹配方式来对列名预测进行改善，以及进一步改善 SemQL 的结构设计来解决连接等细节问题。

CHAPTER7

第7章

面向无嵌套简单 SQL 查询的原型系统构建

前面详细地介绍了语义解析所涉及的各种技术，并简要地介绍了如何将其运用到实际场景中。本章将重点关注如何将这些技术进行有效的整合，建立一个完整的 SQL 查询系统。

7.1 语义匹配解决思路

在单表无嵌套 NL2SQL 的算法实现中，语义匹配主要是为了解决 SQL 语句中 where 条件和过滤条件值的判定问题。判定列的条件过滤操作包括大于、等于、小于。使用深度学习的语义匹配方法主要有两个实现策略：表示式（Representation-Based）策略和交互式（Interaction-Based）策略。

表示式策略基于孪生网络（Siamese Network）架构，两个主干网络有相同的网络结构并且共享权重。在输入问题和匹配选项时将它们分别输入到两个网络中，从而得到统一的语义空间下的表征，然后基于该表征（语义向量）来计算两段文本的相似度。

这样得到的匹配选项的文本表征不会随着问题的变化而变化，因此可以通过一次计算，离线存储所有待匹配选项的表征。在问题输入时只需要计算问题的表征即可提取数据库中保存的匹配选项的表征，从而进行相似度计算。表示式策略的代表性方法为 DSSM、Sentence-BERT。

交互式策略认为表示式策略对问题和匹配选项的表征计算方式较为孤立，没有充分利用问题和匹配选项的高层次的语义交互特征。交互式策略为了能够更好地使问题和匹配选项进行交互，一般将两者拼接之后输入到一个模型（表示式策略是输入到两个结构模型）中计算。例如在 BERT 中进行意义匹配时，我们将问题和匹配选项通过一个特殊的 Token（例如［SEP］）隔开之后输入到模型中，并用［CLS］位置的输出向量连接全连接层完成分类任务。

交互式策略通过优化交互的方式，让模型变得更深。典型方法有 MatchPyramid、ESIM、BERT。

表示式策略的优势主要在于可以离线计算，计算效率高，并可以用在语义召回阶段。

交互式策略的优势是在建模时匹配选项的语义交互关系更加充分，一般来说效果更好（笔者认为尚有争议），但计算成本有所增加，更加适用于排序中的精确排序阶段。

7.2 任务简介

这里以 2019 年举办的“首届中文 NL2SQL 挑战赛”为载体，详细阐述如何从零开始搭建无嵌套的简单 SQL 查询系统。

本赛题的任务是，使用金融以及通用领域的表格数据作为数据源，并基于标注的自然语言与 SQL 语句的匹配对，训练出可以准确将自然语言转换到 SQL 的模型。此外，官方将提供 4 万条有标签数据作为训练集，1 万条无标签数据作为测试集。训练集中的样例格式如图 7-1 所示。

```
{
        "table id": "a1b2c3d4", # 相应表格的 id
        "question":"世茂茂悦府新盘容积率大于 1，请问它的套均面积是多少？", #自然语言问句
        "sql":{ #真实 SQL
            "sel" : [7], # SQL 选择的列
            "agg" : [0], # 选择的列相应的聚合函数，'0'代表无
            "cond_conn_op": 0, #条件之间的关系
            "conds" : [
                [1,2,"世茂茂悦府"],# 条件列,条件类型,条件值,col_1 =="世茂茂悦府"
                [6,0,1]
            ]
        }
    }
```

图 7-1　训练集中的样例格式

其中，关于 SQL 的表达字典说明如图 7-2 所示。

```
op_sql_dict={0:">", 1:"<", 2:"==", 3:"!="}
agg_sql_dict={0:"", 1:"AVG", 2:"MAX", 3:"MIN", 4:"COUNT", 5:"SUM"}
conn_sql_dict={0:"", 1:"and", 2:"or"}
```

图 7-2　SQL 的表达字典说明

其中，数据集中涉及的表格数据由另一个文件提供，每一行为一张表格数据，数据样例及字段说明如图 7-3 所示。

从中不难看出，数据集的样例将通过 table_id 与对应的表格数据相链接，形成完整的“自然语言问句→SQL 语句→数据库表格”问答路线。值得注意的是，这里为了建模方便，对 SQL 查询语句进行了拆分，将 SQL 中常见的查询函数进行了分类编码，具体如图 7-2 所示。

7.3 任务解析

针对构建无嵌套SQL查询系统问题，大致的解决方案是：将其视为一个基于自然语言处理的分类任务，模型的主干网络采用BERT。模型的输入部分将包括自然语言问句和对应表格的列名等，如何处理这一部分将是整个模型中至关重要的一环。而模型的输出部分可划分为3个多分类的子任务。

```
{
  "id":"a1b2c3d4", #表格id
  "name":"Table_a1b2c3d4", #表格名称
  "title":"表1: 2019年新开工预测", #表格标题
  "header":[ #表格所包含的列名
     "300城市土地出让",
     "规划建筑面积(万m²)",
     ......
  ],
  "types":[ #表格列相应的类型
     "text",
     "real",
     ......
  ],
  "rows":[ #表格每一行所存储的值
     [
      "2009年7月-2010年6月",
      168212.4,
      ......
     ]
  ]
}
```

图7-3 表格数据格式说明

任务1：判断SQL中出现了哪些列和列上所执行的具体操作。

任务2：where语句中不同列之间是“与”操作还是“或”操作。

任务3：where语句中的过滤条件是大于、小于还是等于。

这3个子任务需要通过两个模型完成建模：模型1负责任务1和任务2；模型2负责任务3。

7.3.1 列名解析

因为真实数据的复杂性，所以实际业务中的数据库所涉及的表格形式具有极大的不确定性，这也导致了表中列名的复杂性和多样性。为此，有必要探究一下如何基于表中的列名进行特征构建。这里随机可视化呈现数据库中的一张表格，如图7-4所示。

证券代码	证券简称	最新收盘价	定增价除权后至今价格	增发价格	倒挂率	定增年度	增发目的
300148.SZ	天舟文化	4.69	12.48	16.34	37.58	2016.0	配套融资
300148.SZ	天舟文化	4.69	11.29	14.78	41.54	2016.0	融资收购其他资产

图7-4 可视化表格样例

不难看出，该表格所涉及的列名在取值上既有文本类型，又有数值类型。因此，在处理这两种不同类型的列名时需要添加一些标识符（以TEXT表示文本类型的列名，以REAL表示数值类型的列名），以便模型可以辨别二者。具体的列名划分如图7-5所示。

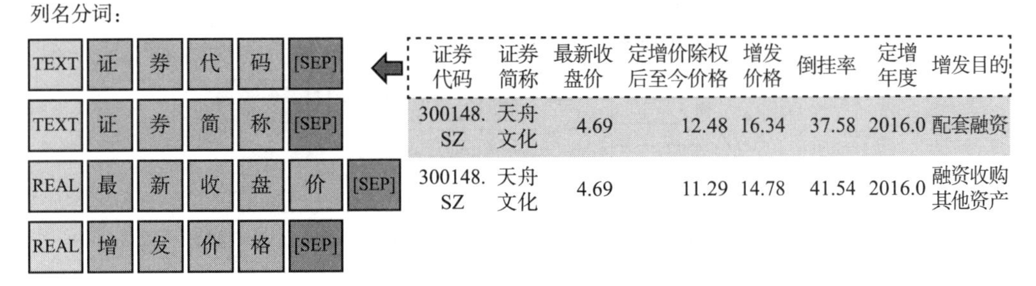

图 7-5　对不同类型列名的划分

7.3.2　输入整合

这里只需对自然语言问句进行常规的分词操作即可。为了适应 BERT 模型的输入，这里将处理后的自然语言问句与处理后的表的列名进行拼接，可以将新引入的两个标识符 TEXT 和 REAL 映射为 BERT 词表中预留的未定义的［UNUSED11］和［UNUSED12］，如图 7-6 所示。当然这里的映射选择并不是唯一的，完全可以自定义，只要在整个模型的定义上保持一致即可。

图 7-6　自然语言问句的分词和输入拼接

7.3.3　输出子任务解析

SQL 查询语句可以解构成如图 7-7 所示的 4 个部分。

1）sel 为一个 list，代表 select 语句所选取的列。

2）agg 为一个 list，与 sel 一一对应，表示对该列进行何种聚合操作，比如 sum、max、min 等操作。

3）conds 为一个 list，代表 where 语句中的一系列条件，每个条件是一个由（条件列，条件运算符，条件值）构成的三元组。

4）cond_conn_op 为一个 int，代表 conds 中各条件之间的并列关系，可以是 and 或者 or。

这里为了预测方便，对原始标签进行变换，如图 7-8 所示。具体来说，我们可以将原始标签进行如下转换以简化建模流程。

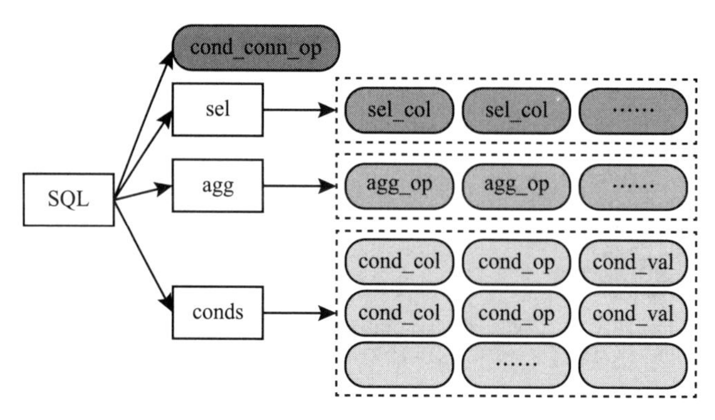

图 7-7　SQL 语句解构

1）将 agg 与 sel 合并，设置 agg 对表格中的每一列都做预测，如果预测类别是 NO_OP（no operation），则表明该列不被选中。

2）将 conds 分为 conds_ops 与 conds_vals 两个部分，这样可以分两步进行预测。

先由模型 1 预测 conds 需要选取哪些列以及操作符，再由模型 2 预测所选取的列的比较值。不过，我们将主要关注第一个模型，该模型可以完整地阐述无嵌套简单 SQL 查询的原型系统的构建过程。

原始标签

```
sel: [1]
agg: [4]
cond_conn_op: 1
conds: [[6,2,'2016],[7,2,'融资收购其他资产']]
```

新标签

```
agg: [6,4,6,6,6,6,6,6]
cond_conn_op: 1
conds_ops: [4,4,4,4,4,4,2,2]
conds_vals: [null,null,null,null,null,null,'2016','融资收购其他资产']
```

图 7-8　对原始标签进行变换

7.3.4　模型整体架构

本小节将对上述的所有内容和操作等进行整合，以展示完整的模型架构，具体如图 7-9 所示。可以看到，我们将字符［CLS］对应的表征向量用于完成对 cond_conn_op（结果共有 3 种可能：0 为无操作；1 为 and；2 为 or）的预测任务；将标识符 TEXT 和 REAL 对应的表征向量进行拼接，用于预测 7 种 SQL 操作函数和 5 种条件选择操作。

这里 BERT 模型加载的权重来自哈尔滨工业大学与科大讯飞联合实验室发布的 BERT-

WWM 模型的中文版本。此外，模型输出的3个子分类任务均采用交叉熵计算损失，最终的损失为3个任务损失之和，模型优化器使用的是 RAam。

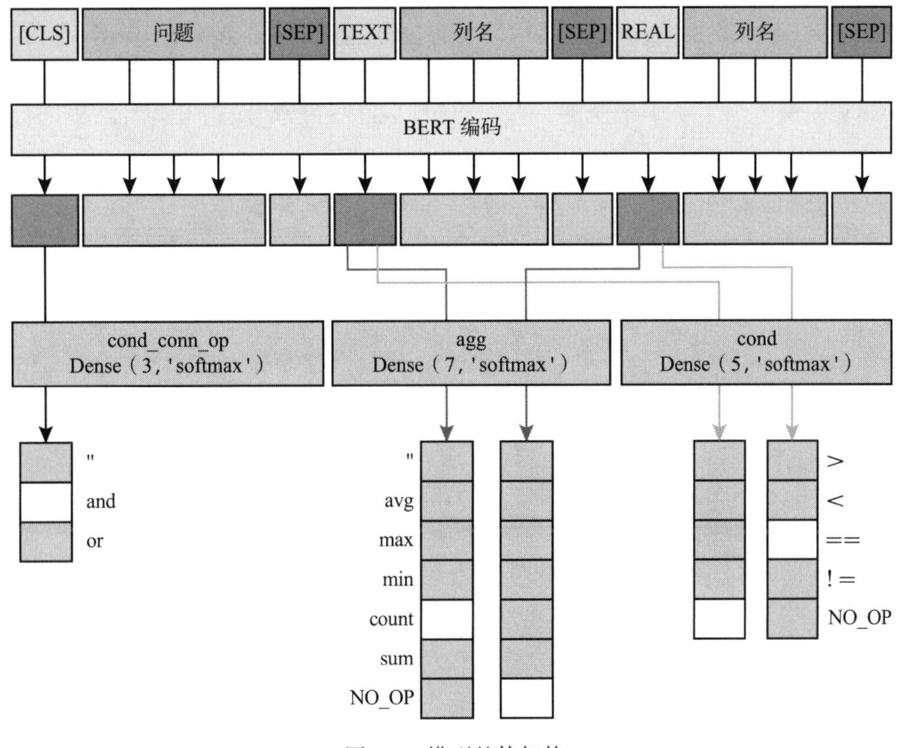

图7-9 模型整体架构

7.4 代码示例

本节将展示上述系统构建的部分重要代码，主要包括如下方面。

1）输入部分用于处理自然语言问句和表格列名的 QueryTokenizer 类。

2）构造将 SQL 语言转换成可供训练集打标签的 SqlLabelEncoder 类。

3）生成批量数据。

4）模型的搭建。

5）模型的训练和预测。

7.4.1 QueryTokenizer 类的构造

这里重新构造的 QueryTokenizer 类如代码清单7-1所示，主要是为了处理 SQL 中涉及的分词操作，其中主要的方法如下。

1）encode：将输入的查询语句按照词表转换成模型可以接受的 token_ids 和 segment_

ids 等。

2）tokenizer：将类中重写的方法组合在一起，处理查询语句及相关的列名，并将其拼接在一起。

此处会用到 Keras-BERT。Keras-BERT 是一个基于 Keras 构建的 BERT 预训练模型的工具包，用于自然语言处理任务的预训练模型，如文本分类、序列标注、问答等。Keras-BERT 提供了一个易于使用的 API，使用户可以轻松地使用 BERT 模型进行预测和微调。

代码清单 7-1　QueryTokenizer 类的构造

```
class Query Tokenizer(Tokenizer): #继承 Keras-BERT 包中的 Tokenizer 类
col_type_token_dict ={'text': '[unused11]', 'real': '[unused12]'}
def _tokenize(self, text):
    r =[]
        for c in text.lower():
            if c in self._token_dict:
                r.append(c)
            elif self._is_space(c):
                r.append('[unused1]')
            else:
                r.append('[UNK]')
        return r
    def _pack(self, * tokens_list):
        packed_tokens_list =[]
        packed_tokens_lens =[]
        for tokens in tokens_list:
            packed_tokens_list += [self._token_cls] + \
                tokens + [self._token_sep]
            packed_tokens_lens.append(len(tokens) + 2)
        return packed_tokens_list, packed_tokens_lens
    def encode(self, query:Query):
        tokens, tokens_lens=self.tokenize(query)
        token_ids=self._convert_tokens_to_ids(tokens)
        segment_ids =[0] * len(token_ids)
        header_indices=np.cumsum(tokens_lens)
        return token_ids, segment_ids,header_indices[:-1]
    def tokenize(self, query:Query):
        question_text=query.question.text
        table =query.table
        tokens_lists =[]
        tokens_lists.append(self._tokenize(question_text))
        for col_name, col_type in table.header:
             col_type_token=self.col_type_token_dict[col_type]
             col_tokens=[col_type_token] + self._tokenize(col_name)
             tokens_lists.append(col_tokens)
        return self._pack(* tokens_lists)
```

7.4.2　SqlLabelEncoder 类的构造

这里 SqlLabelEncoder 类的构造如代码清单 7-2 所示。SqlLabelEncoder 类的作用正如其名所示，是为了将原始的数据标签转换成易于建模的离散性标签，其中主要涉及两个方法。

1）encode：完成正向标签转换（原始标签到训练标签）。

2）decode：完成逆向标签转换（训练标签到原始标签）。

代码清单 7-2　SqlLabelEncoder 类的构造

```
class SqlLabel Encoder: ## 定义标签转换类
    def encode(self,sql: SQL, num_cols): ## 定义标签编码器
        cond_conn_op_label =sql.cond_conn_op
        sel_agg_label=np.ones(num_cols,dtype='int32') * len(SQL.agg_sql_dict)
        for col_id, agg_op inzip(sql.sel, sql.agg):
            if col_id < num_cols:
                sel_agg_label[col_id]=agg_op
        cond_op_label=np.ones(num_cols,dtype='int32') * len(SQL.op_sql_dict)
        for col_id, cond_op, _in sql.conds:
            if col_id < num_cols:
                cond_op_label[col_id]=cond_op
        return cond_conn_op_label, sel_agg_label, cond_op_label
    def decode(self, cond_conn_op_label, sel_agg_label,cond_op_label):  ## 定义标签解
                                                                        ## 码器
        cond_conn_op=int(cond_conn_op_label)
        sel,agg, conds=[], [], []
        for col_id, (agg_op, cond_op) in enumerate(zip(sel_agg_label, cond_op_label)):
            if agg_op < len(SQL.agg_sql_dict):
                sel.append(col_id)
                agg.append(int(agg_op))
            if cond_op < len(SQL.op_sql_dict):
                conds.append([col_id, int(cond_op)])
        return {
            'sel': sel,
            'agg': agg,
            'cond_conn_op': cond_conn_op,
            'conds': conds
        }
```

7.4.3　生成批量数据

通常来说，当我们处理大量数据时，有时囿于内存的限制无法将全部数据读入内存中。不过也有相应的解决方案，即可以通过构造数据生成函数，实现一边读入一边训练的效果，使用这种方法，我们能够处理海量的训练数据。生成批量训练数据的代码如代码清单 7-3 所示。

代码清单 7-3 生成批量训练数据

```
class DataSequence(Sequence): ## 定义批量数据生成类，继承自 Sequence 类
    def __init__(self,data, tokenizer, label_encoder, is_train=True,max_len=160,
batch_size=32, shuffle=True, shuffle_header=True, global_indices=None):
        self.data =data
        self.batch_size=batch_size
        self.tokenizer=tokenizer
        self.label_encoder=label_encoder
        self.shuffle =shuffle
        self.shuffle_header=shuffle_header
        self.is_train=is_train
        self.max_len=max_len
        if global_indices is None:
            self._global_indices=np.arange(len(data))
        else:
            self._global_indices=global_indices
        if shuffle:
            np.random.shuffle(self._global_indices)
    def _pad_sequences(self,seqs, max_len=None): ## 定义序列填充函数
        padded=pad_sequences(seqs,maxlen=None, padding='post', truncating='post')
        if max_len is not None:
            padded=padded[:, :max_len]
        return padded
    def __getitem__(self, batch_id): ## 定义生成函数
        batch_data_indices=\
            self._global_indices[batch_id * self.batch_size: (batch_id + 1) * self.batch_
            size]
        batch_data =[self.data[i] for i in batch_data_indices]
        TOKEN_IDS,SEGMENT_IDS=[], []
        HEADER_IDS, HEADER_MASK=[], []
        COND_CONN_OP=[]
        SEL_AGG =[]
        COND_OP =[]
        for query in batch_data:
            question=query.question.text
            table =query.table
            col_orders=np.arange(len(table.header))
            if self.shuffle_header:
                np.random.shuffle(col_orders)
            token_ids, segment_ids, header_ids =self.tokenizer.encode(query, col_orders)
            header_ids =[hid for hid in header_ids if hid < self.max_len]
            header_mask =[1] * len(header_ids)
            col_orders =col_orders[: len(header_ids)]
            TOKEN_IDS.append(token_ids)
            SEGMENT_IDS.append(segment_ids)
            HEADER_IDS.append(header_ids)
            HEADER_MASK.append(header_mask)
            if not self.is_train:
```

```
                continue
            sql = query.sql
            cond_conn_op, sel_agg, cond_op = self.label_encoder.encode(sql, num_cols =
                len(table.header))
            sel_agg = sel_agg[col_orders]
            cond_op = cond_op[col_orders]
            COND_CONN_OP.append(cond_conn_op)
            SEL_AGG.append(sel_agg)
            COND_OP.append(cond_op)
        TOKEN_IDS = self._pad_sequences(TOKEN_IDS, max_len = self.max_len)
        SEGMENT_IDS = self._pad_sequences(SEGMENT_IDS, max_len = self.max_len)
        HEADER_IDS = self._pad_sequences(HEADER_IDS)
        HEADER_MASK = self._pad_sequences(HEADER_MASK)
        inputs = {
            'input_token_ids': TOKEN_IDS,
            'input_segment_ids':SEGMENT_IDS,
            'input_header_ids':HEADER_IDS,
            'input_header_mask':HEADER_MASK
        }
        if self.is_train:
            SEL_AGG = self._pad_sequences(SEL_AGG)
            SEL_AGG = np.expand_dims(SEL_AGG, axis = -1)
            COND_CONN_OP = np.expand_dims(COND_CONN_OP, axis = -1)
            COND_OP = self._pad_sequences(COND_OP)
            COND_OP = np.expand_dims(COND_OP, axis = -1)
            outputs = {
                'output_sel_agg': SEL_AGG,
                'output_cond_conn_op':COND_CONN_OP,
                'output_cond_op': COND_OP}
            return inputs, outputs
        else:
            return inputs
    def __len__(self): # 定义计算批次个数的函数
        return math.ceil(len(self.data) /self.batch_size)
    def on_epoch_end(self): # 在每个 epoch 周期结束后，根据 shuffle 的参数决定是否对数据进行
打乱
        if self.shuffle:
            np.random.shuffle(self._global_indices)
```

7.4.4　模型搭建

本小节主要介绍如何搭建一个多输入多输出的模型，如构建的模型是一个 4 输入 3 输出的多任务模型。如代码清单 7-4 所示，借助 Keras 框架，我们可以轻松完成模型的搭建。

代码清单 7-4　模型搭建

```
## 通过配置文件、权重地址加载预训练模型
bert_model = load_trained_model_from_checkpoint(paths.config, paths.checkpoint, seq_
```

```
    len=None)
for l in bert_model.layers: ## 可根据实际情况决定是否重新训练全部的层
    l.trainable=True
# 定义模型的 token_ids 输入
inp_token_ids=Input(shape=(None,),name='input_token_ids', dtype='int32')
# 定义模型的 segment_ids 输入
inp_segment_ids=Input(shape=(None,), name='input_segment_ids',dtype='int32')
# 定义模型的 header_ids 输入，与选择的表名相关
inp_header_ids=Input(shape=(None,), name='input_header_ids',dtype='int32')
# 定义模型的 header_mask 输入，指明选择的列
inp_header_mask=Input(shape=(None, ), name='input_header_mask')
# 得到 BERT 模型的输出
x=bert_model([inp_token_ids, inp_segment_ids]) #(None, seq_len, 768)
# 预测 cond_conn_op
x_for_cond_conn_op =Lambda(lambda x: x[:, 0])(x) # (None, 768)
p_cond_conn_op=Dense(num_cond_conn_op, activation='softmax', name='output_cond_
    conn_op')(x_for_cond_conn_op)
x_for_header=Lambda(seq_gather, name='header_seq_gather')([x, inp_header_ids]) #
    (None, h_len, 768)
header_mask =Lambda(lambda x: K.expand_dims(x, axis=-1))(inp_header_mask) # (None, h_
    len, 1)
x_for_header=Multiply()([x_for_header, header_mask])
x_for_header=Masking()(x_for_header)
p_sel_agg=Dense(num_sel_agg, activation='softmax', name='output_sel_agg')(x_for_
    header)
# 预测 cond_op
x_for_cond_op =Concatenate(axis=-1)([x_for_header, p_sel_agg])
p_cond_op=Dense(num_cond_op, activation='softmax', name='output_cond_op')(x_for_cond_
    op)
model=Model( # 得到最终的模型
[inp_token_ids, inp_segment_ids, inp_header_ids, inp_header_mask],[p_cond_conn_op,
    p_sel_agg, p_cond_op])
```

7.4.5 模型训练和预测

代码清单 7-5 主要是关于模型训练流程的说明，其中主要涉及的内容如下。

- 生成训练集、验证集和测试集。
- 自定义回调函数。
- 模型训练。

代码清单 7-5 模型训练和预测

```
batch_size=NUM_GPUS * 32
num_epochs=30
train_dataseq=DataSequence( #生成训练集
    data=train_data,
    tokenizer=query_tokenizer,
```

```
    label_encoder=label_encoder,
    shuffle_header=False,
    is_train=True,
    max_len=160,
    batch_size=batch_size
)
val_dataseq=DataSequence( #生成验证集
    data=val_data,
    tokenizer=query_tokenizer,
    label_encoder=label_encoder,
    is_train=False,
    shuffle_header=False,
    max_len=160,
    shuffle=False,
    batch_size=batch_size
)
model_path='task1_best_model.h5'
callbacks=[ ##定义回调函数
    EvaluateCallback(val_dataseq),
    ModelCheckpoint(filepath=model_path,
                monitor='val_tot_acc',
                mode='max',
                save_best_only=True,
                save_weights_only=True)
]
model.fit_generator(train_dataseq,epochs=num_epochs, callbacks=callbacks) ##模型训练
test_dataseq=DataSequence( #生成测试集
    data=test_data,
    tokenizer=query_tokenizer,
    label_encoder=label_encoder,
    is_train=False,
    shuffle_header=False,
    max_len=160,
    shuffle=False,
    batch_size=batch_size
)
pred_sqls =[]
for batch_data in tqdm(test_dataseq): #生成预测结果
    header_lens=np.sum(batch_data['input_header_mask'], axis=-1)
    preds_cond_conn_op, preds_sel_agg, preds_cond_op=model.predict_on_batch(batch_data)
    sqls=outputs_to_sqls(preds_cond_conn_op, preds_sel_agg, preds_cond_op, header_
    lens, val_dataseq.label_encoder)
    pred_sqls +=sqls
task1_output_file='task1_output.json'
with open(task1_output_file,'w') as f: #将预测结果写入JSON文件
    for sql in pred_sqls:
        json_str=json.dumps(sql,ensure_ascii=False)
f.write(json_str + '\n')
```

7.5 本章小结

本章主要介绍了如何搭建一个简单无嵌套的SQL查询的原型系统，并依托“首届中文NL2SQL挑战赛”的赛题任务，详细地阐述了如何进行问题转化、数据处理、模型搭建和模型的训练与预测等全流程操作，旨在为读者提供一个完整的、详细的基准模型。而之后的内容将在本章的基础之上尝试搭建更为复杂的SQL查询系统，因此难度也会较本章有一定的提升。

CHAPTER8

第 8 章

面向复杂嵌套 SQL 查询的原型系统构建

第 7 章简要地介绍了如何处理简单单表无嵌套的 SQL 查询语句，但在实际的业务场景中，我们更多时候会遇到多条件、多限制的复杂 SQL 查询语言，此时若还想使用单一模型完成从自然语言到 SQL 的转换任务，似乎变得有些困难。因此，本章在第 7 章的基础上提出了基于“型-列-值”的联合模型，用于处理带有复杂嵌套的 SQL 查询语句。

“型-列-值”模型具有高度的适应性和针对性，适用于多种商业场景。例如，根据在数据集上的表现，该模型可以定向调优，我们只需收集相应 SQL 类型的一定量的数据进行训练优化即可。如此一来，也可以让模型变得更小，使得模型的部署更加方便。

“型-列-值”模型为处理复杂的 SQL 查询提供了更强大和灵活的解决方案，成为需高效数据分析不可或缺的工具。

8.1 复杂嵌套 SQL 查询的难点剖析

由于嵌套 SQL 查询语句的复杂性，我们有必要在建立模型之前先详细解构复杂嵌套的 SQL 语句，分析其组成和一般可能存在的问句和问法。因此，本节将先全面分析复杂的 SQL 语句可能存在的形式，接着阐述建模中可能会遇到的难点，最后给出一些对策和方法。

8.1.1 复杂嵌套 SQL 语句

一般来说，在实际业务中数据库往往存在着多张表，而且表与表之间可能还存在着约束关系，如通过关键词（Foreign Key）创建的关联表等。

通常来讲，简单无嵌套的 SQL 语句可能有着如下的几种形式。

1）自然语言问句：“哪些城市有火车？”

对应的 SQL 语句如下：

```
"select 省份 from 火车站"
```

2）自然语言问句：“哪些城市有飞机？”

对应的 SQL 语句如下：

```
"select 省份 from 机场"
```

但更一般的情况往往是，我们需要对简单的 SQL 语句设置诸多的条件限制，如使用关键字 join、where、except、union、intersect、order by、group by 和 having 等。因此，如果对上述两个简单的 SQL 语句进行组合，可能就会产生下面的问句。

3）自然语言问句："哪些城市有火车站但没有机场?"

对应的 SQL 语句如下：

```
"( select 省份 from 火车站)  except  ( select 省份 from 机场 )"
```

下面再给出几种常见的 SQL 语句。

4）问题："按冠军次数从多到少，给出各球员的 id"。

对应的 SQL 语句如下：

```
"select 球员 id from 球员夺冠次数 order by 冠军次数 desc"
```

5）问题："哪些国家在 2002 年之前得过世界杯?"

对应的 SQL 语句如下：

```
"select 国家 from 世界杯 where 世界杯夺冠时间 < 2002"
```

6）问题："获得冠军次数升序排列前 3 名，或者按亚军次数降序排列前 5 名的都有哪些羽毛球运动员?"

对应的 SQL 语句如下：

```
"( select 球员 id from 球员夺冠次数 order by 冠军次数 asc limit 3 ) union ( select 球员 id
from 球员夺冠次数 order by 亚军次数 desc limit 5 )"
```

7）问题："找到夺冠超过 12 次的球员，但是不包含亚军次数最少的 3 个球员 id"

对应的 SQL 语句如下：

```
"( select 球员 id from 球员夺冠次数 where 冠军次数 > 12 ) except ( select 球员 id from 球员夺
冠次数 order by 亚军次数 asc limit 3 )"
```

8）问题："给出既有机场又有火车站的城市" 所对应的 SQL：

```
"( select 省份 from 机场 ) intersect ( select 省份 from 火车站 )"
```

9）问题："有哪些银行发行了理财产品？给出这些银行以及银行类型"

对应的 SQL 语句如下：

```
"select T2. 名称, T2. 公司类型 from 理财产品与银行 as T1 join 银行 as T2 on 理财产品与银行 .
银行 id == 银行 . 词条 id"
```

10）问题："在各城市的旅游景点中，当城市的城市面积不小于 35 000km^2 时，给出周边路网平均速度大于等于 25 的城市旅游景点的平均拥堵指数的总和。"

对应的 SQL 语句如下：

```
"select T2. 城市, sum ( T1. 平均拥堵指数 ) from 旅游景点 as T1 join 城市 as T2 on 旅游景点 . 所
属城市 id == 城市 . 词条 id where T2. 城市面积 >= 35000000000 group by T1. 所属城市 id having
avg ( T1. 周边路网平均速度(km/h) ) >= 25"
```

8.1.2 难点与对策分析

相比简单无嵌套的 SQL 语句，复杂嵌套的 SQL 语句的句式更加多变，句法结构更复

杂，语句之间的依赖关系更加错综复杂，这也导致了此类语句的解析难度陡增。因此，再使用类似第 7 章的单一模型来处理变得不太容易了。于是我们提出了基于“型-列-值”的联合模型来分阶段将复杂嵌套的自然语言问句解析为 SQL 查询语句。“型”在此处特指 SQL 嵌套的类型。

整个模型的架构如图 8-1 所示，大致可以分成以下几个模块。

1）编码器：将表结构和问题编码给型模型、列模型和值模型。

2）型模型（Sketch Model）：预测 SQL 中出现的语法现象和嵌套情况。

3）列模型：预测每个查询子句中出现了哪些列，列上面进行了什么操作。

4）值模型：预测 where 条件中出现的数字和列之间是什么关系。

5）解码器：综合型模型、列模型和值模型三者的输出，生成 SQL 语句。

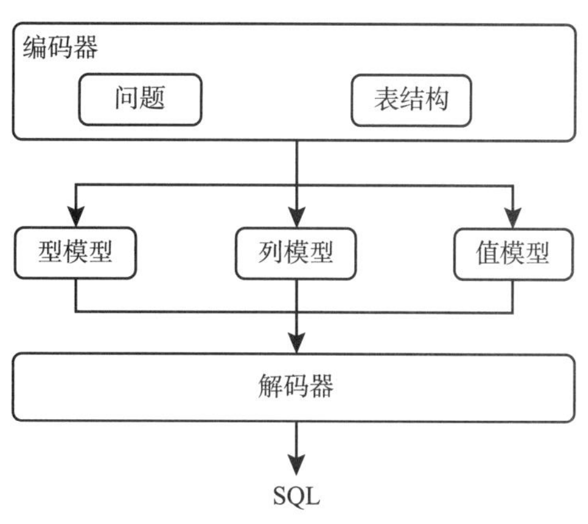

图 8-1　模型架构

8.2　型模型解析

型模型最重要的功能在于，尽可能地预测出 SQL 查询语句中出现的语法现象和嵌套情况。为了简化建模的难度，这里对 SQL 语句可能的输入以及输出进行了标准化处理。此外，本节也提供了型模型详细的搭建和训练流程代码，以供读者参考。

8.2.1　构建复杂 SQL 语句的中间表达形式

这里将借鉴第 7 章介绍的 IRNet 模型思想，构建从自然语言到 SQL 语言的中间表达形式。具体来说，我们将主句 SQL 出现的语法现象归纳为如表 8-1 所示的 4 种类型。型模型负责预测主句 SQL 的语法现象。

表 8-1　4 种类型的语法现象

标签	语法现象	标签	语法现象
0	SQL 子句 intersect SQL 子句	2	SQL 子句 except SQL 子句
1	SQL 子句 union SQL 子句	3	SQL 子句 from SQL 子句

而将子句的 SQL 语句中可能出现的语法现象归纳为以下的 21 种形式，如表 8-2 所示。子句在此处以 select 关键字为边界，每一个 select 为一个子句。列模型和值模型负责预测子句中出现的列与值（表中 filter 代表条件语句）。

我们采用的模型是常见的 BERT 预训练模型，基于实际的数据内容和表格形式进行训练。需要构建的输入形式和输出形式如图 8-2 所示。主句语法现象模块是一个多标签分类器，由字符［CLS］经过 BERT 处理之后得到的表征向量，通过一层 4 分类的 Dense 层进行预测。子句语法现象模块也就是一个多标签分类器，进行 21 分类的预测。

表 8-2　子句可能出现的 21 种形式

标签	语法现象	标签	语法现象
0	filter and filter	11	filter＝A Root
1	filter or filter	12	filter<A Root
2	filter＝A	13	filter>A Root
3	filter！＝A	14	filter！＝A Root
4	filter<A	15	filter between A Root
5	filter>A	16	filter>＝A Root
6	filter<＝A	17	filter<＝A Root
7	filter>＝A	18	filter in A Root
8	filter between A	19	filter not_in A Root
9	filter like A	20	None
10	filter not_like A		

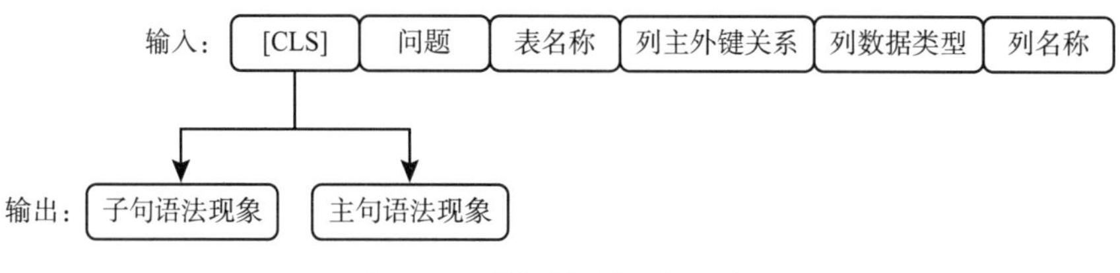

图 8-2　型模型的输入与输出

8.2.2　型模型的搭建与训练

本小节将详细阐述型模型在搭建过程中涉及的几个重要模块。其中主要包括两个部分：一是模型的定义；二是模型的整个训练流程。

1. 模型定义

这里主要涉及两个类（SketchModel 和 Adapter）的构造，实现代码如代码清单 8-1 所示。其中 SketchModel 便是用于预测 SQL 类型的型模型，主要的方法有 load_weights( )、evaluate( )、__call__( )等。

代码清单 8-1　模型定义

```
class SketchModel: ## 定义型模型
    def __init__(self,bert_model_path: str, tokenizer): ## 定义构造函数
        self.classifier=Bert4Class(bert_model_path)
        self.adapter=Adapter()
        self.tokenizer=tokenizer
```

```
    def load_weights(self,load_weights): ## 定义加载权重函数
        self.classifier.load_weights(load_weights)
    def __call__(self,token_id,segment_id): ## 定义调用函数
        root_logit, filter_logit=self.classifier(token_id, segment_id)
        root_prob=tf.argmax(root_logit, axis=1)
        filter_prob=tf.argmax(filter_logit, axis=1)
        return self.adapter.transformer(root_prob,filter_prob)
    def evaluate(self, data): ## 定义评估函数
        query=Query(Question(data['question']),
Schema (db_id=data["db_content"]["db_id"],table_names=data["db_schema"]["table_
        names"],column_names=data["db_schema"]["column_names"],column_types=data
        ["db_schema"]["column_types"],foreign_keys=data["foreign_keys"],primary_keys=
        data["primary_keys"]))
        schema=query.schema
        token-ids, segment-ids, header-ids=self.tokenizer.encode(query, len(schema.table_
        names))  ## 转化为 token_id
        token_ids=np.reshape(token_ids,(1,len(token_ids))).astype(np.int32)
        segment_ids=np.reshape(segment_ids,(1,len(segment_ids))).astype(np.int32)
        root_logit, filter_logit=self.classifier(token_ids, segment_ids)
        root_prob=tf.argmax(root_logit, axis=1)
        filter_prob=tf.argmax(filter_logit, axis=1)
        return self.adapter.transformer(root_prob,filter_prob)
# Adapter 类用于将型模型的输出转换成自定义的 4 种主句语法现象和 21 种可能的子句语法现象
class Adapter:
    def __init__(self): ## 定义构造函数
        root_dic={'Root1(0)':0,'Root1(1)':1,'Root1(2)':2,'Root1(3)':3}
        filter_dic={'Filter(0)':0,'Filter(1)':1,'Filter(2)':2,'Filter(3)':3,'Filter(4)':
            4,'Filter(5)':5,
                        'Filter(6)':6,
                        'Filter(7)':7,'Filter(8)':8,'Filter(9)':9,'Filter(10)':10,
                        'Filter(11)':11,'Filter(12)':12,
                        'Filter(13)':13,'Filter(14)':14,'Filter(15)':15,'Filter(16)':
                        16,"Filter(17)":17,
                        "Filter(18)":18,"Filter(19)":19,"None":20}
        self.inv_root_dic={v: k for k, v in root_dic.items()}
        self.inv_filter_dic={v: k for k, v in filter_dic.items()}
    def transformer(self,root_prob,filter_prob): ## 定义转换函数
        root,filter=[],[]
        for r,f in zip(root_prob,filter_prob):
            root.append(self.inv_root_dic[int(r)])
            filter.append(self.inv_filter_dic[int(f)])
        return root,filter
```

2. 模型训练

代码清单 8-2 阐述了型模型的训练流程，主要包括：载入模型、定义损失函数和优化器、定义评估函数、自定义计算梯度和反向传播，以及将模型的预测输出转换成原始的标签。

代码清单 8-2 型模型训练

```
model=Bert4Class(bert_model_path) ## 载入模型
SCC=tf.keras.metrics.SparseCategoricalCrossentropy() ## 定义评估函数
optimizer2=tf.keras.optimizers.Adam(learning_rate=learning) ## 定义优化器
def train_one_step(inp): ## 定义模型训练过程
with tf.GradientTape() as tape:
          root_logit,filter_logit=model(inp["input_token_ids"], inp["input_segment_
          ids"])
          loss =   \ ## 计算 loss tf.reduce_sum(sparse_categorical_crossentropy(inp
          ["input_root_ids"],
root_logit)) + \                  tf.reduce_sum(sparse_categorical_crossentropy(inp
          ["input_filter_ids"],
filter_logit))
          SCC.update_state(inp["input_root_ids"],root_logit)
          SCC.update_state(inp["input_filter_ids"], filter_logit)
          gradients2=tape.gradient(loss, model.trainable_variables) ## 计算梯度
          ## 反向传播梯度
          optimizer2.apply_gradients(zip(gradients2, model.trainable_variables))
def eval_one_step(inp,root_acc,root_total,filter_acc,filter_total):
     root_logit,filter_logit=model(inp["input_token_ids"],  ## 定义模型评估过程
     inp["input_segment_ids"])
     root_prob=tf.argmax(root_logit,axis=1)
     filter_prob=tf.argmax(filter_logit,axis=1)
     ## 计算解码的准确度
     for root_id,pro_root_id in zip(inp["input_root_ids"],root_prob):
          root_total[inv_root_dic[root_id[0]]] += 1
          if root_id[0] == pro_root_id:
          root_acc[inv_root_dic[root_id[0]]] += 1
    for filter_id,pro_filter_id in zip(inp["input_filter_ids"],filter_prob):
         filter_total[inv_filter_dic[filter_id[0]]] += 1
         if filter_id[0] == pro_filter_id:
                filter_acc[inv_filter_dic[filter_id[0]]] += 1
step=3
for epoch in range(20): ## 运行模型并循环训练过程
  for i in range(step):
        train_step=[k *  step + i for k in range(len(train_seq) //step)]
        SCC.reset_states()
        for inp in tqdm(train_step):
          train_one_step(train_seq[inp])
        print(SCC.result())
        root_acc= {v:0 for k,v in inv_root_dic.items()}
        root_total={v:1 for k,v in inv_root_dic.items()}
        filter_acc={v:0 for k,v in inv_filter_dic.items()}
        filter_total={v:1 for k,v in inv_filter_dic.items()}
        for inp in tqdm(test_seq):
             eval_one_step(inp,root_acc,root_total,filter_acc,filter_total)
  os.mkdir("./sk_model/sktchPredict_loss{0:.4f}_epoch{1}".format(SCC.result(),epoch*
        step+i))
```

```
model.save_weights("./sk_model/sktchPredict_loss{0:.4f}_epoch{1}/model.ckpt"
.format(SCC.result(),epoch* step+i)) ## 保存模型权重
```

8.3　列模型解析

这里介绍的列模型主要的功能有两个：一是预测每个查询子句出现了表中的哪些列；二是预测在这些列上进行了什么样的操作。值得注意的是，这里的两个任务并不是割裂的，而是根据关键词划分成不同的输出模块，而两个任务是在每个独立的模块中同步进行的。

8.3.1　嵌套信息的编码设计

实际上，这里的列模型与第 7 章介绍的模型有着异曲同工之妙，不同之处在于，这里的列模型需要考虑的情况要更加复杂。第 7 章的模型只需要考虑 SQL 子句输出模块，由于复杂的嵌套 SQL 语句往往不可避免地出现 intersect、union、except、where 和 having 等关键词，因此列模型多构造了 Intersect、Union 等 5 个输出模块。值得一提的是，为了进一步增强模型处理复杂问题的能力，这里每个输出模块都设置了 10 个通道，其含义如表 8-3 所示。分类器的类别个数决定了是用几个标签进行分类。例如，7 标签分类器是 5 种聚合函数加上有无选中该列，即 max、min、avg、sum、count、选中、未选中。

表 8-3　输出模块含义解释

标记	含义	标记	含义
Select_y_out	7 标签分类器，注释有选择操作的列	Where_cond_op_out	11 标签分类器，注释有条件的选择
Group_by_out	7 标签分类器，注释有聚合操作的列	Cond_conn_op_out	3 标签分类器，注释条件操作选择
OrderBy_sort_out	3 标签分类器，注释排序的选择	Having_agg_out	7 标签分类器，注释聚合操作限定
OrderBy_agg_out	7 标签分类器，注释排序的聚合选择	Having_cond_op_out	11 标签分类器，注释条件操作限定
Where_agg_out	8 标签分类器，注释聚合的选择	Having_cond_conn_op_out	3 标签分类器，注释有条件操作限定

图 8-3 是判断 SQL 子句类型的输出模块的输出示例。其余的 5 个输出模块也有着同表 8-3 相似的输出结构。列模型的输出一共涉及 60 个不同的分类器。至于模型的输入形式与之前介绍的型模型的输入保持一致。

8.3.2　列模型的搭建与训练

本节主要介绍列模型的创建和训练过程，如前所述，列模型的构建与型模型有着异

曲同工之妙，所以很多部分可以复用8.2节型模型构建的代码。只是我们需要对模型的输出进行适当的修改，以满足我们对列模型的要求。

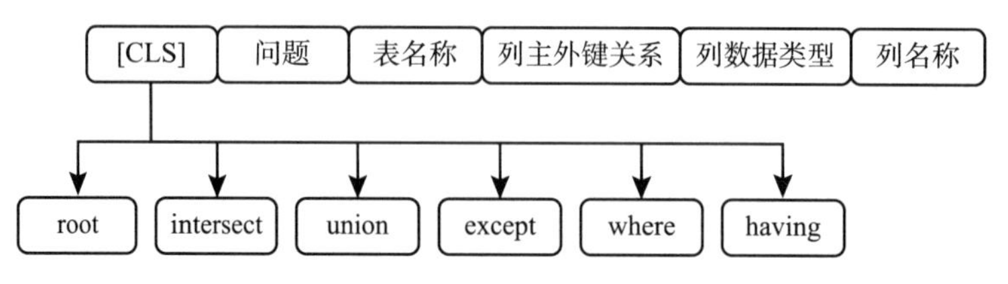

图8-3 判断SQL子句类型的输出模块的输出示例

1. 模型的构建

由于列模型的6个输出有着高度的相似性，为了节约篇幅，这里只完整给出SQL子句的输出代码，如代码清单8-3所示（其他模块略）。

代码清单8-3 模型构建

```
def CreatModel(model_weight_path): ## 创建列模型
    paths=get_checkpoint_paths(model_weight_path)
    Classifiers_model = load_trained_model_from_checkpoint(paths.config, paths. checkpoint,
      seq_len=None)
    for l in Classifiers_model.layers: ## 可自定义训练层数
        l.trainable=True
    inp_token_ids=Input(shape=(None,), name='input_token_ids', dtype='int32')
    inp_segment_ids=Input(shape=(None,), name='input_segment_ids', dtype='int32')
    inp_header_ids=Input(shape=(None,), name='input_header_ids', dtype='int32')
    inp_header_mask=Input(shape=(None,), name='input_header_mask')
    x=Classifiers_model([inp_token_ids, inp_segment_ids])  # (None, seq_len, 768)
    x_for _header=Lambda(seq_gather, name='header_seq_gather')([x, inp_header_ids])
         # (None, h_len, 768)
    header_mask = Lambda(lambda x: K.expand_dims(x, axis=-1))(inp_header_mask)   #
        (None, h_len, 1)
    x_for_header=Multiply()([x_for_header, header_mask])
    x_for_header=Masking()(x_for_header)
    # Root 部分的输出
    select_y_out=Dense(7, activation='softmax', name='select_label')(x_for_header)
    group_by_out=Dense(7, activation='softmax', name='group_by_label')(x_for_header)
    orderBy_sort_out=Dense(3, activation='softmax', name='orderBy_sort_label')(x_
        for_header)
    orderBy_agg_out=Dense(7, activation='softmax', name='orderBy_agg_label')(x_for_
        header)
    where_agg_out = Dense(8, activation='softmax', name='where_agg_label')(x_for_
        header)
    where_cond_op_out=Dense(11, activation='softmax',
name='where_cond_op_label')(x_for_header)
    cond_conn_op_out=Dense(3, activation='softmax', name='cond_conn_op_label')(x_
        for_header)
```

```
    having_agg_out=Dense(7, activation='softmax',
name='having_agg_label')(x_for_header)
    having_cond_op_out=Dense(11, activation='softmax',
name='having_cond_op_label')(x_for_header)
    having_cond_conn_op_out=Dense(3, activation='softmax',
name='having_cond_conn_op_label')(x_for_header)
    ## intersect、union、except、where 和 having 模块的输出从略
    model=Model( ## 构建 Keras 模型
        [inp_token_ids, inp_segment_ids, inp_header_ids, inp_header_mask],
        [select_y_out, group_by_out, orderBy_sort_out, orderBy_agg_out,
   where_agg_out, where_cond_op_out.
        ......
        return model
```

2. 模型训练

代码清单 8-4 展示的仍是较为常规的模型训练流程代码，主要涉及数据集的划分、模型创建、自定义学习率衰减策略和模型训练等。

代码清单 8-4　模型训练

```
data=pd.DataFrame(data=data) ## 加载数据
dev=data.sample(frac=0.1) ## 抽样得到验证集
train=data[~data.index.isin(dev.index)] ## 得到训练集
train_seq=DataSequence(np.squeeze(train.values,axis=-1).tolist(), query_tokenizer,
   sql_encode, shuffle=False, max_len=512, batch_size=6)
dev_seq=DataSequence(np.squeeze(dev.values,axis=-1).tolist(), query_tokenizer, sql_
    encode, shuffle=False, max_len=512, batch_size=6)
model=CreatModel(bert_model_path) ## 创建模型
model.compile( ## 模型编译
    optimizer=Adam(1e-5),
    loss="categorical_crossentropy",
    metrics=['accuracy']
)
lr_schedule=lambda epoch: 0.00001 *  0.90 **  epoch   ## 自定义学习率衰减策略
learning_rate=np.array([lr_schedule(i) for i in range(50)])
changelr=LearningRateScheduler(lambda epoch: float(learning_rate[epoch]))
checkpoint=ModelCheckpoint( ## 保存模型
filepath='./save_model/col_model/base-colunm-loss-all-12-7-{epoch:02d}-loss-{val_
   loss:.4f}.h5',
    monitor='val_tot_acc',
    save_best_only=False, save_weights_only=True)
# 模型训练
model.fit_generator(train_seq,
                        steps_per_epoch=len(train_seq),
                        epochs=30,
                        validation_data=dev_seq,
                        callbacks=[checkpoint, changelr]
)
```

8.4　值模型解析

相较于之前的型模型和列模型，这里的值模型要简单得多。简单来说，值模型可以视为一个回归模型，其主要作用是度量模型的输出结果和原始SQL语句的相似性，从而在模型输出的众多组合中挑选出最优的输出组合。

8.4.1　值与列的关系解析

引入值模型的目的是甄选列模型的输出结果，得到一个与SQL的where语句在语义层面最相似的句式表达。在模型层面具体的实现方式是，将SQL中where条件的值与列的关系简化为一个文本匹配问题，即预测该语句是否正确。这里将文本匹配问题定义为一个回归问题，模型的输入/输出形式如图8-4所示。

模型的输入由自然语言问题和列的条件组成，其中列的条件由列模型的输出结果组合而成。例如，在问题"哪些国家在2002年之前得过世界杯"中，假设列模型已经预测出了表格中的"世界杯夺冠时间"这一列和一些其他的操作选项，那么就可以得到如下的几种待选组合。

图8-4　值模型的输入/输出

1）夺冠时间大于2002年。

2）夺冠时间等于2002年。

3）夺冠时间小于2002年。

值模型的输入/输出如图8-4所示。

因此，可以构建如表8-4所示的3种不同的输入样例，并赋予其相应的标签。之后的处理流程便与常规的文本匹配任务并无二致。

表8-4　3种不同的输入样例

问题	过滤条件的文本表达	标签
哪些国家在2002年之前得过世界杯	世界杯夺冠时间大于2002年	错
哪些国家在2002年之前得过世界杯	世界杯夺冠时间等于2002年	错
哪些国家在2002年之前得过世界杯	世界杯夺冠时间小于2002年	对

8.4.2　值模型的搭建与训练

本节的代码演示主要包括两个部分：一是值模型的搭建；二是值模型的完整训练流程。由于前两节在介绍型模型和列模型时，已经详细介绍过类似的操作，所以这里不再赘述，只对代码进行简要的说明。

1）值模型搭建如代码清单8-5所示。

代码清单 8-5　值模型搭建

```
## 创建模型类
class Bert4Class(Model):
    def __init__(self,model_weight_path,seq_targets_length=20):
        super(Bert4Class, self).__init__(name="Bert4Class")
        self.seq_targets_length=seq_targets_length
        bert_params=bert.params_from_pretrained_ckpt(model_weight_path)
        self.bert=bert.BertModelLayer.from_params(bert_params, name="bert")
        self.y_pred=Dense(1, activation='sigmoid', name='output_similarity')

    def call(self,token_ids, segment_ids): ## 定义模型的调用流程
        x=self.bert([token_ids, segment_ids])
        x=Lambda(lambda seq: seq[:, 0, :])(x)
        return self.y_pred(x)
```

2）模型训练如代码清单 8-6 所示。

代码清单 8-6　模型训练

```
## 加载数据集
train_data=QuestionCondPairsDataseq(train_data,None,batch_size=batch_size,
sampler=NegativeSampler(neg_sample_ratio=2),shuffle=True)
dev_data = QuestionCondPairsDataseq(dev_data,None,batch_size = batch_size,sampler =
FullSampler(),shuffle=False)
model=Bert4Class(checkpoint_path) ## 载入模型
SCC=tf.keras.metrics.BinaryCrossentropy() ## 选择评估函数和优化器
optimizer2=tf.keras.optimizers.Adam(learning_rate=5e-5) ## 选择优化器
def train_one_step(inp): ## 定义训练流程
    with tf.GradientTape() as tape:
        y_pred=model(inp[0]["Input-Token"], inp[0]["Input-Segment"])
        loss=tf.reduce_sum(binary_crossentropy(inp[1]["output_similarity"], y_
        pred)) ## 计算损失函数
        SCC.update_state(inp[1]["output_similarity"], y_pred) ## 更新指标函数
        gradients2=tape.gradient(loss, model.trainable_variables) ## 计算梯度
        optimizer2.apply_gradients(zip(gradients2, model.trainable_variables))
def eval_all(inps): ## 模型评估
    y_preds, y_trues=[], []
    for inp in tqdm(inps):
        y_pred=model(inp[0]["Input-Token"], inp[0]["Input-Segment"])
        y_true=inp[1]["output_similarity"]
        y_preds.extend(y_pred.numpy().ravel().tolist())
        y_trues.extend(y_true.ravel().tolist())
    y_preds=[1 if y>0.5 else 0 for y in y_preds]
    print(classification_report(y_trues, y_preds))
for epoch in range(epochs): ## 训练
    SCC.reset_states()
    for inp in tqdm(train_data):
        train_one_step(inp)
```

```
print(SCC.result())
eval_all(dev_data) ## 评估验证集
model_path = os.path.join(save_model_path, 'value_model_weight_epoch' + str
(epoch+1) + '/model.ckpt')
model.save_weights(model_path) ## 保存模型
```

8.5 完整系统演示

本节将介绍模型整体框架的最后一层：解码器，并将所有的模块组合在一起，完成一个端到端的 SQL 查询系统。希望通过这个简化后的全流程模型，能够让人直观地了解到 NL2SQL 具体是如何实现的。

8.5.1 解码器

前面三节分别详细地介绍了型模型、列模型和值模型的结构与输入/输出形式。此外，我们还需要一个模块解码器来接收上述 3 个模型的输出，并将其解析成最终的 SQL 语言。解码器涉及的主要函数如表 8-5 所示。

由于此部分的代码过于冗长，而实现起来并不困难，故为了节约篇幅，这里只贴出代码的大致实现结构。相信充分了解如何对原始标签进行转换后，写出其反过程就较为容易了。定义 SQL 解码类如代码清单 8-7 所示。

表 8-5 解码器涉及的主要函数

函数名	功能	函数名	功能
get_sql	汇总函数，得到最终的 SQL 语句	get_groupBy	基于列模型，确定分组语句
get_select	基于列模型，得到选择的列	get_orderBy	基于列模型，确定排序方式
get_from_table	处理 SQL 可能涉及的 join 操作	get_having	基于列模型，确定过滤条件
get_where	基于列模型，确定需要选择的列	get_limit	确定限制操作
get_sub_where	基于列模型，确定需要选择的子列		

代码清单 8-7 定义 SQL 解码类

```
class Decode2Sql:
    agg = {0: '', 1:'max',2:'min',3:'count',4:'sum',5:'avg',6:None,7:"TIMENOW"}
    cond = {0:"not_in",1:"between",2:"=",3:">",4:"<",5:">=",6:"<=",7:"!=",8:"in",9:"
      like",10:None}
    cond_conn = {0:'',1:"and",2:"or"}
    def __init__(self,sketch_model_output,column_model_output,question_content,value-
      _predict_model,join_map):
        ......
    def get_sql(self):
        ......
    def get_select(self):
```

```
        ......
    def get_from_table(self):
        ......
    def get_where(self):
        ......
    def get_sub_where(self):
        ......
    def get_groupBy(self):
        ......
    def get_orderBy(self):
        ......
    def get_having(self):
        ......
    def get_limit(self):
        ......
    def get_cond_text(self, column_name, value, cond_op,agg=None):
        ......
```

8.5.2 完整流程演示

这里演示了从数据载入、模型加载、模型预测和结果转换等全流程操作。3 个主要模型（型模型、列模型和值模型）独立运行，最后通过解码器模块将所有结果进行汇总，得到最终的输出结果。完整的 SQL 语句生成过程如代码清单 8-8 所示。

代码清单 8-8　SQL 语句生成

```
# 加载测试数据
data={'question': question, 'foreign_keys': foreign_keys, 'primary_keys': primary_
keys, 'db_content': db_content, 'db_schema': db_schema}
# 加载已训练好的型模型、列模型、值模型的权重
sketch_model_weight="../save_model/sketch_model.h5"
column_model_weight="../save_model/col_model.h5"
value_model_weight="../save_model/val_model.ckpt"
value_config_path='../bert/config.json'
bert_model_path='../bert'
vocab_path='../bert/vocab.txt'
# 处理测试数据
question_content=QuestionContent(question, db_content, db_schema)
# 加载分词函数
query_tokenizer=QueryTokenizer(load_vocabulary(vocab_path), token_sep='unused99')
# 获取型模型输出
sketch_model=SketchModel(bert_model_path, query_tokenizer)
sketch_model.load_weights(sketch_model_weight+"/model.ckpt")
sketch_outputs=sketch_model.evaluate(data)
print(sketch_outputs)
# sketch_outputs=(['Root1(3)'], ['Filter(19)'])
# 获取列模型输出
column_classifier=Classifiers(column_model_weight, QueryTokenizer(load_vocabulary
```

```
(vocab_path), token_sep='unused99'))
column_outputs=column_classifier.evaluate(data)
# 获取值模型输出
value_predict_model = ValueModelPredict(value_model_weight, value_config_path, vocab_
path)
# 将问句和 3 个模型的输出一起加载到解码器
decode = Decode2Sql(sketch_outputs, column_outputs, question_content, value_predict_
model)
# 得到最终的 SQL 语句
sql=decode.get_sql()[0]
print(sql)
```

8.6 本章小结

本章在第 7 章的基础上，着重介绍了如何处理复杂带有嵌套的查询语句的解析任务。首先对复杂嵌套语句进行了解释，并与简单无嵌套语句进行了对比，并探究了处理此类复杂问题所面对的挑战和问题。之后，提出了一种新颖的解决框架，基于“型-列-值”三模型联合建模的处理方案，并对 3 个模型进行了详细的解释，之后给出了模型的核心代码。最后，将 3 个模型的输出整合到一个解码器模块解析出最终的 SQL 语句，完成从自然语言问句到 SQL 语句的全流程操作。

CHAPTER9

第 9 章

面向 SPARQL 的原型系统构建

本章将深入探讨语义解析技术的应用之一：NL2SPARQL 技术。NL2SPARQL 是智能问答中语义解析方法的重要实现之一。

NL2SPARQL 技术的重点是如何将自然语言转换成 SPARQL 语言。SPARQL 是一种针对 RDF 数据的查询语言，是 Semantic Web 的核心技术之一。而 NL2SPARQL 则是将自然语言转化为 SPARQL 语言的过程。

本章将介绍 NL2SPARQL 实现方法，特别是利用生成式模型（如 T5、BART、UniLM）来构建面向 SPARQL 语言的原型系统。生成式模型是一种基于深度学习的技术，它可以根据输入的自然语言生成 SPARQL 语言。这种方法适用于不同领域的数据，并且可以生成更准确的查询语言。

本章还将介绍一些关键技术，如实体链接、关系抽取和谓词映射等。这些技术是实现 NL2SPARQL 的重要组成部分，可以帮助我们更好地理解自然语言转化为机器可以理解的查询语言的原理。

SPARQL 查询语句的写法类似于 SQL，需要使用 PREFIX 语句来指定 URI 和缩写，并使用 select 语句来检索所需数据，使用 where 语句来提供三元组约束条件。

9.1 T5、BART、UniLM 模型简介

T5 模型已有相关的介绍，详见 2.5 节。

1. BART

BART 是一种生成式模型，它与 BERT 和 GPT 的区别在于：BERT 只使用了 Transformer 中的编码器，而 GPT 只使用了解码器，而 BART 同时使用了编码器和解码器。编码器负责对数据输入进行自注意力计算，并获取句子中每个词的表征。最经典的编码器架构是 BERT，它通过掩码语言模型学习词与词之间的关系。此外，编码器架构还有 XLNet、RoBERTa、ALBERT、DistilBERT 等。仅使用编码器的结构更适合自然语言理解类任务，如文本分类、自然语言推理，但不适合生成类任务，比如翻译任务。解码器负责将输入与输出错开一个位置，以模拟在推理时不能让模型看到未来的词的情景，这种方式称为自回归。但是，仅使用解码器的结构只能通过上下文预测单词，无法学习双向交互。而将编码器和解码器结合在一起，则可以用在 Seq2Seq 模型以完成翻译任务。图 9-1 展示了 BART 的主要结构。

在训练阶段，编码器采用双向模型编码被破坏的文本，然后解码器采用自回归的方式计算出原始输入。而在测试或微调阶段，编码器和解码器的输入都是未破坏的文本。

BART采用标准的Transformer模型，但进行了一些修改。

1）与GPT一样，BART使用GeLU激活函数，并采用正态分布$N(0,\ 0.02)$对参数进行初始化。

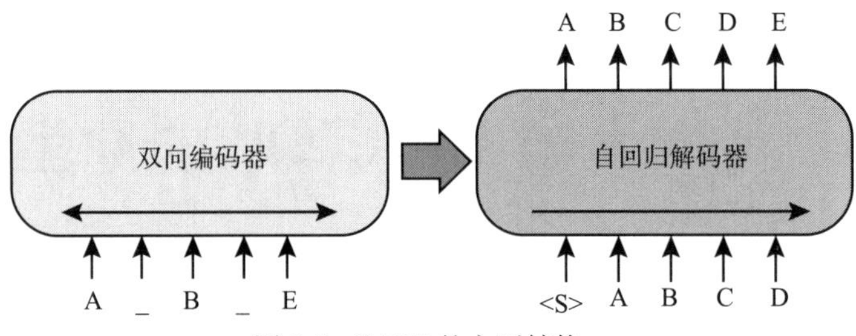

图9-1　BART的主要结构

2）BART基础版本模型的编码器和解码器分别有6层，而大型版本模型增加到了12层。

3）BART解码器的各层会对编码器最后一个隐藏层进行额外的交叉注意力处理。

4）与BERT不同，BART在词预测之前未使用额外的Feed Forward层。

此外，研究表明，相比GPT系列模型，BART在自然语言生成方面表现更好；在自然语言理解任务方面与RoBERTa效果相当。

2. UniLM

UniLM是一种语言模型，是微软研究院基于BERT开发的新预训练语言模型，被称为“统一预训练语言模型”。它使用3种特殊的掩码预训练目标，使得模型在自然语言生成任务上能够发挥出色的作用，同时在自然语言理解任务上也能获得与BERT相同的成果。UniLM能够完成单向、序列到序列和双向预测任务，结合了自回归型和自编码型语言模型的优点，因此在摘要、生成式问题回答和语言生成数据集的抽样等领域都取得了出色的成绩。图9-2展示了UniLM的模型框架。在NL2SPARQL任务中，我们将利用BART、UniLM和T5这3个适用于生成任务的模型特性，将生成的SPARQL语句进行集成并修正，以获得最佳的SPARQL语句。接下来将详细介绍这3个模型在NL2SPARQL任务中的实际应用。

9.2　T5、BART、UniLM方案

1. T5生成SPARQL语句

2.5节介绍了T5模型生成SQL语句的过程，本节将重点介绍T5生成SPARQL语句的过程。T5模型的训练数据由3部分组成：自然语言问题、自然语言问题对应的SPARQL语句，以及SPARQL语句对应的答案。我们所需的输入数据是自然语言问题，标签数据是相应的SPARQL语句，而SPARQL语句对应的答案则用来验证生成的SPARQL语句的正确性。因此，在训练T5模型时，我们将自然语言问题作为输入文本，将SPARQL语句作为标签数据来进行模型训练。训练集输入的数据样例如下所示。

问题：距离西湖最近的酒店有哪些？

对应的SPARQL语句如下。

标签：select ?y where { <西湖风景名胜区(西湖)> <附近> ?cvt. ?cvt <实体名称> ?y. ?cvt <距离值> ?distance. ?y <类型> <酒店>. } ORDER BY ASC(?distance) LIMIT 1

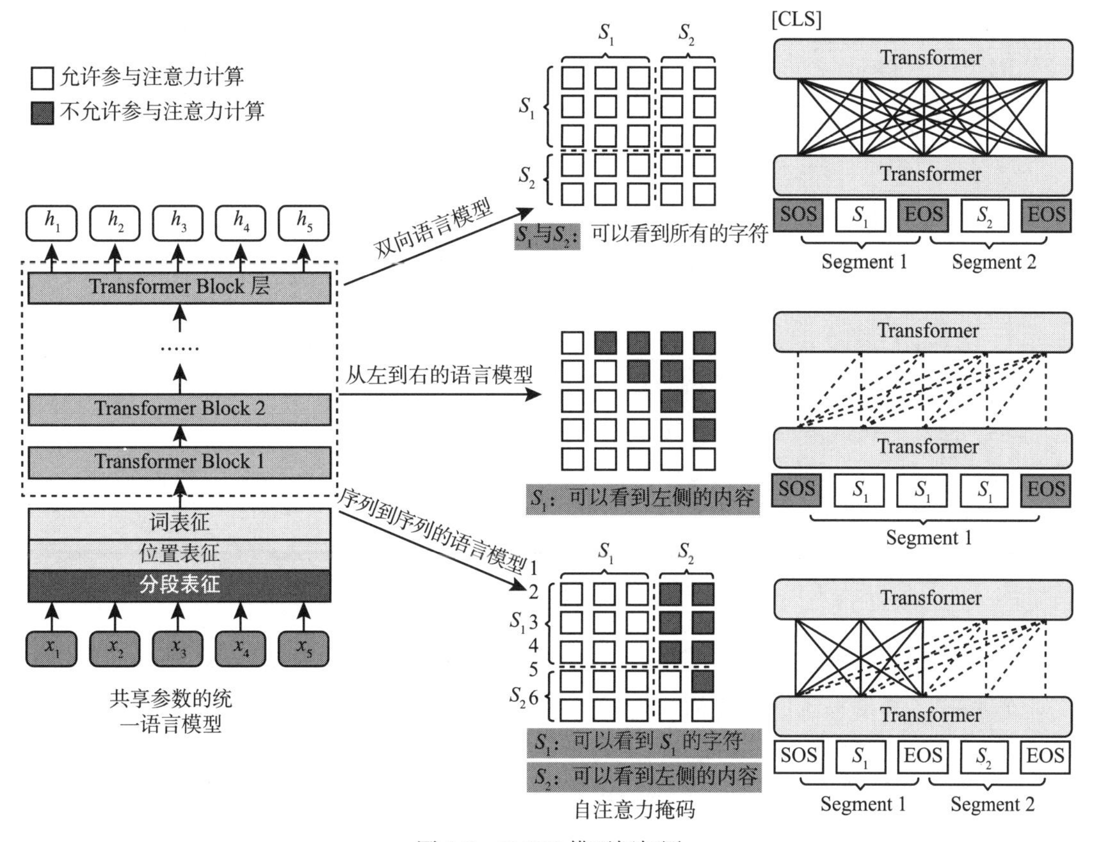

图 9-2　UniLM 模型框架图

问题（输入）和标签（输出）的 Token 形式如图 9-3 所示。

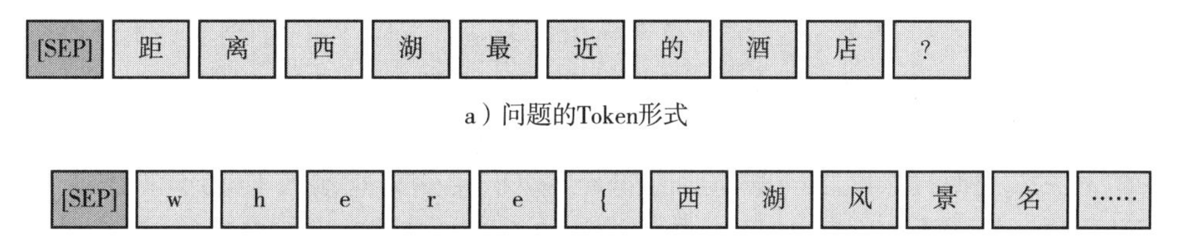

图 9-3　问题和标签的 Token 形式

T5 模型的输入和输出的过程如图 9-4 所示。

T5 模型的验证集最终生成的 SPARQL 语句被放在 t5_sparql_result. txt 下。验证集生成的 SPARQL 语句格式如下所示。

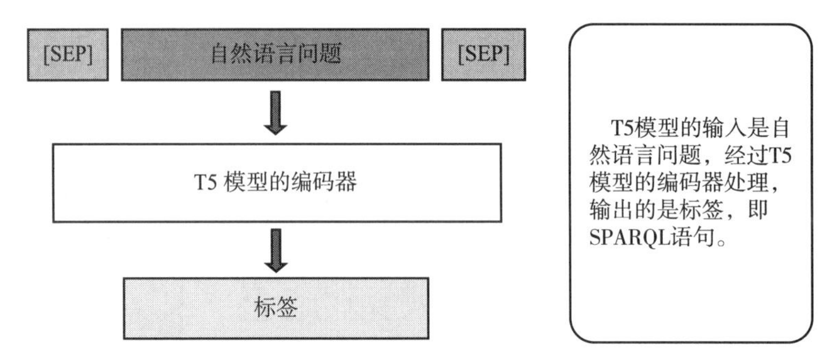

图 9-4　T5 模型输入和输出的过程

1）SPARQL 自然语言问题：

问题 1：凉宫春日所在的社团是什么？

问题 2：《无间道》的主演中同时是歌手的人有哪些？

问题 3：诸邑公主的父亲的庙号是什么？

2）SPARQL 对应查询语句如下：

```
select?x where {?x <所属城市> <凉宫春日>. ?x <社团>?y. }
select?x where { <无间道_(李安执导电影) > <主演>?x. <音乐> <歌手_(职业名称) >. ?x <职业> <歌
手_(职业名称) >. }
select?y where {?x <子女> <诸邑公主_(小说《封神演义》中人物) >. ?x <庙号>?y. }
```

在进行 T5 模型训练时，我们将自然语言问题输入到 T5 模型的编码器中进行编码，以获得自然语言问题的语义表征，再进行解码以生成相应的 SPARQL 语句。在验证过程中，我们使用验证集中的问题作为模型的输入，生成对应的 SPARQL 语句，然后通过对生成语句进行查询得到结果，以此评估 T5 模型生成的 SPARQL 语句是否正确。

2. UniLM 生成 SPARQL 语句

单独使用 T5 模型生成的 SPARQL 语句效果并不理想。为了提升准确度，进一步获得更精确的 SPARQL 语句，我们另外选取了 BART 和 UniLM 两个生成模型与 T5 模型集成，以获得更好的效果。与 T5 模型直接生成 SPARQL 语句不同，UniLM 和 BART 两个模型会先生成中间结果（伪 SPARQL 语句），然后通过对中间结果的修正，得到最终的 SPARQL 语句。

具体来说，先将自然语言问题和对应的 SPARQL 语句分别输入 UniLM 模型进行训练。在训练过程中，模型不仅会学习自然语言问题的表征，还会获得一个关于自然语言问题到 SPARQL 语句的表征。最后，模型会使用自然语言问题的表征和 SPARQL 语句标签来学习 SPARQL 语句与自然语言问题之间的映射。

UniLM 模型训练的代码在 UniLM/run_seq2seq. py 中（T5 和 BART 模型的训练代码与 UniLM 相同）。这个文件输入是训练集的自然语言问题和 SPARQL 语句，一共有 3700 多条样本，所得到的是一个能够由自然语言问题作为输入，并生成 SPARQL 语句的模型。模型中输入的问题和标签的 Token 形式如图 9-5 所示。

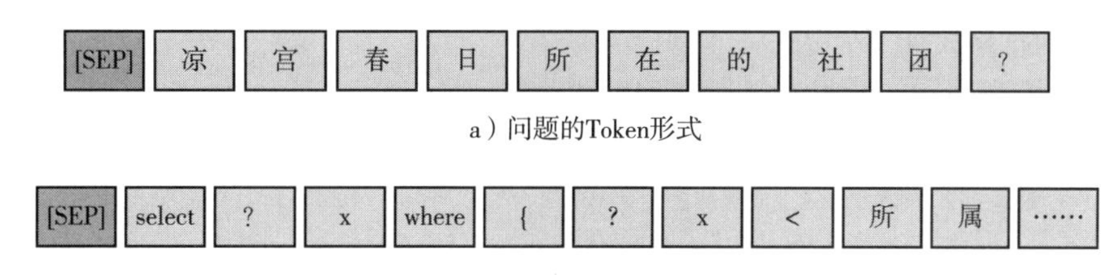

a）问题的Token形式

b）标签的Token形式

图 9-5　问题和标签的 Token 形式

将经过 Token 化的问题和标签输入 UniLM 模型进行训练，从而得到可以生成 SPARQL 语句的 UniLM 模型。SPARQL 语句是由模型初步生成的，对应的实现代码存放在 decode_seq2seq. py 文件中。验证集的原始 SPARQL 问题存放在“./data2022/验证集问题.txt”文件中，验证集中总共包含约 1300 条数据样本。生成的 SPARQL 语句格式如下所示：

```
select ? x where { <凉 宫 春 日 > < 所 属 社 团 > ? x . }
```

因为这种格式的 SPARQL 语句中间有空格，所以无法直接查询得到正确结果。所以我们又编写了一个脚本来去掉中文中间的空格，从而成为可以查询的 SPARQL 语句。修正 SPARQL 语句的脚本位于“SPARQL 后处理.py 文件”中。

修正后的 SPARQL 语句格式如下所示：

```
select?y where { <凉宫春日> <所属社团>?x. }
```

这种 SPARQL 语句可以查询到正确的答案。UniLM 模型训练并生成 SPARQL 语句的过程如图 9-6 所示。

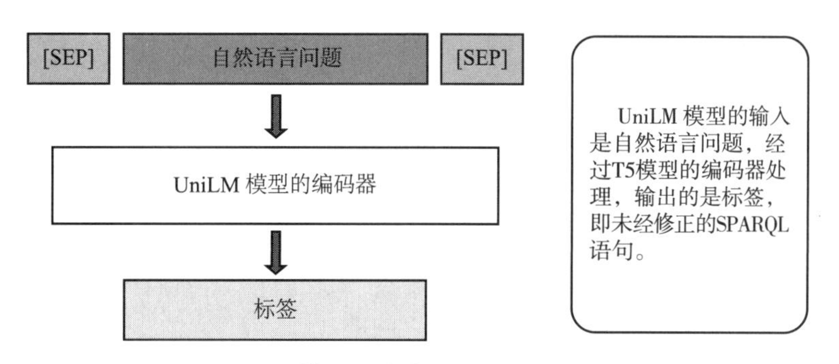

图 9-6　UniLM 模型训练并生成 SPARQL 语句的过程

3. BART 生成 SPARQL 语句

BART 既有 BERT 的编码器，也有 GPT 的解码器，具体的改进在前面已经介绍过。BART 在生成任务上要优于现有的 GPT 系列模型。BART 模型训练的输入和输出与 UniLM 及 BERT 一样，输入都是数据集的原始自然语言问题，而输出都是 SPARQL 语句。

具体操作如下所示。首先，将自然语言问题和 SPARQL 语句输入到 BART 模型中，而输入模型的数据格式如下所示。

1）自然语言问题：凉宫春日所属的社团是什么？

2）对应的SPARQL查询语句如下：

```
select?y where { <凉宫春日> <所属社团>?x. }
```

训练集和验证集都包含自然语言问题与SPARQL语句。训练集将被输入模型用来学习自然语言问题到SPARQL语句的映射。在训练集中，自然语言问题和SPARQL语句一同被输入到BART模型当中，模型通过编码器和解码器学习SPARQL的表征。验证集用来验证模型的训练效果，同时将UniLM、T5模型的结果进行合并，并对最后得到的结果进行排序，以得到最终的预测结果。对最终预测结果进行修正检验，可得到最后的SPARQL语句。

经过Token化后的文本和标签被数值化，然后将处理结果输入BART模型进行训练，以得到能够生成SPARQL语句的BART模型。BART生成的SPARQL语句是初步结果，后续还要经过融合和修正。相应的代码为Bart_generateion_2022.py。验证集生成的SPARQL语句被存储在Bart_sparql_result.txt文件中，其中包含约1300多条数据样本。值得注意的是，T5模型、UniLM模型和BART模型生成的结果是一致的，只是模型前缀不同而已。生成的SPARQL语句格式如下所示：

```
select ? x where { <凉 宫 春 日 > < 所 属 社 团 > ? x . }
```

这种格式的SPARQL语句因为语句中间有空格，所以直接查询无法得到正确结果。修正SPARQL语句的脚本是“SPARQL后处理.py文件”。

修正后的SPARQL语句格式如下所示：

```
select ? y where { <凉宫春日> <所属社团> ? x. }
```

这种SPARQL语句可以查询到正确的答案。BART模型训练并生成SPARQL语句的过程，如图9-7所示。

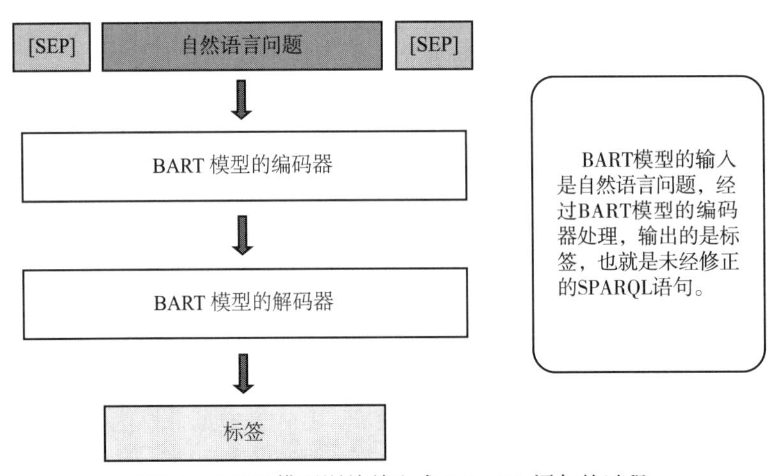

图9-7 BART模型训练并生成SPARQL语句的过程

9.3　T5、BART、UniLM 生成 SPARQL 语句实现

训练集的数据样本一共 3700 条左右，验证集的数据样本一共 1300 条左右。验证集被存放在“./data2022/验证集问题.txt”路径下。模型训练的具体代码如代码清单 9-1 所示。

代码清单 9-1　模型训练

```
def main():
    parser=argparse.ArgumentParser()

    # 需要的参数
    parser.add_argument("--data_dir", default='../data2022/', type=str,
    required=False,help="The input data dir. Should contain the .tsv files (or other data
    files) for the task.")
    parser.add_argument("--src_file", default='seq2seq_train_data.json', type=str,
                        help="The input data file name.")
    parser.add_argument("--model_type", default='unilm', type=str, required=False,
                           help = "Model type selected in the list: " + ", ".join(MODEL_
                           CLASSES.keys()))
    parser.add_argument("--model_name_or_path",
default='../bert/unilm-chinese-base/', type=str, required=False,
                         help="Path to pre-trained model or shortcut name selected in the
                         list: " + ", ".join(ALL_MODELS))
    parser.add_argument("--output_dir", default='./unilm_output/',
    type=str, required=False,
                        help = " The output directory where the model predictions and
                        checkpoints will be written.")
    parser.add_argument("--log_dir", default='', type=str,
                        help="The output directory where the log will be written.")
    parser.add_argument("--model_recover_path", default=None, type=str,
                        help="The file of fine-tuned pretraining model.")
    parser.add_argument("--optim_recover_path", default=None, type=str,
                        help="The file of pretraining optimizer.")
    parser.add_argument("--config_name", default="", type=str,
                        help="Pretrained config name or path if not the same as model_name")
    parser.add_argument("--tokenizer_name", default="", type=str,
                          help="Pretrained tokenizer name or path if not the same as model_
                          name")

    # Other parameters
    parser.add_argument("--max_seq_length", default=320, type=int,
                          help = "The maximum total input sequence length after WordPiece
                          tokenization. \n"
                         "Sequences longer than this will be truncated, and sequences
                          shorter \n"
                         "than this will be padded.")
```

```
    parser.add_argument('--max_position_embeddings', type=int, default=512,
                        help="max position embeddings")
    parser.add_argument("--do_train", default=True,
                        help="Whether to run training.")
    parser.add_argument("--do_eval", action='store_true',
                        help="Whether to run eval on the dev set.")
    parser.add_argument("--do_lower_case", default=True,
                        help="Set this flag if you are using an uncased model.")
    parser.add_argument("--train_batch_size", default=32, type=int,
                        help="Total batch size for training.")
    parser.add_argument("--eval_batch_size", default=64, type=int,
                        help="Total batch size for eval.")
    parser.add_argument("--learning_rate", default=1e-5, type=float,
                        help="The initial learning rate for Adam.")
    parser.add_argument("--label_smoothing", default=0, type=float,
                        help="The initial learning rate for Adam.")
    parser.add_argument("--weight_decay", default=0.01, type=float,
                        help="The weight decay rate for Adam.")
    parser.add_argument("--adam_epsilon", default=1e-8, type=float,
                        help="Epsilon for Adam optimizer.")
    parser.add_argument("--max_grad_norm", default=1.0, type=float,
                        help="Max gradient norm.")
    parser.add_argument("--num_train_epochs", default=100, type=float,
                        help="Total number of training epochs to perform.")
    parser.add_argument("--warmup_proportion", default=0.1, type=float,
                        help="Proportion of training to perform linear learning rate warmup
                        for. "
                             "E.g., 0.1=10%% of training.")
    parser.add_argument("--hidden_dropout_prob", default=0.1, type=float,
                        help="Dropout rate for hidden states.")
    parser.add_argument("--attention_probs_dropout_prob", default=0.1, type=float,
                        help="Dropout rate for attention probabilities.")
    parser.add_argument("--no_cuda", action='store_true',
                        help="Whether not to use CUDA when available")
    parser.add_argument("--local_rank", type=int, default=-1,
                        help="local_rank for distributed training on gpus")
    parser.add_argument('--seed', type=int, default=42,
                        help="random seed for initialization")
    parser.add_argument('--gradient_accumulation_steps', type=int, default=1,
                          help="Number of updates steps to accumulate before performing a
                          backward/update pass.")
    parser.add_argument('--fp16', action='store_true',
                        help="Whether to use 16-bit float precision instead of 32-bit")
    parser.add_argument('--fp16_opt_level', type=str, default='O1',
                        help="For fp16: Apex AMP optimization level selected in ['O0', 'O1',
                        'O2', and 'O3']."
                        "See details at
https://nvidia.github.io/apex/amp.html")
    parser.add_argument('--tokenized_input', action='store_true',
```

```
                    help="Whether the input is tokenized.")
    parser.add_argument('--max_len_a', type=int, default=0,
                    help="Truncate_config: maximum length of segment A.")
    parser.add_argument('--max_len_b', type=int, default=0,
                    help="Truncate_config: maximum length of segment B.")
    parser.add_argument('--trunc_seg', default='',
                    help="Truncate_config: first truncate segment A/B (option: a, b).")
    parser.add_argument('--always_truncate_tail', action='store_true',
                    help="Truncate_config: Whether we should always truncate tail.")
    parser.add_argument("--mask_prob", default=0.20, type=float,
                    help="Number of prediction is sometimes less than max_pred when sequence
                    is short.")
    parser.add_argument("--mask_prob_eos", default=0, type=float,
                    help="Number of prediction is sometimes less than max_pred when sequence
                    is short.")
    parser.add_argument('--max_pred', type=int, default=20,
                    help="Max tokens of prediction.")
    parser.add_argument("--num_workers", default=0, type=int,
                    help="Number of workers for the data loader.")

    parser.add_argument('--mask_source_words', action='store_true',
                    help="Whether to mask source words for training")
    parser.add_argument('--skipgram_prb', type=float, default=0.0,
                    help='prob of ngram mask')
    parser.add_argument('--skipgram_size', type=int, default=1,
                    help='the max size of ngram mask')
    parser.add_argument('--mask_whole_word', action='store_true',
                    help="Whether masking a whole word.")

    args=parser.parse_args()

    if not(args.model_recover_path and
Path(args.model_recover_path).exists()):
        args.model_recover_path=None

    args.output_dir=args.output_dir.replace(
        '[PT_OUTPUT_DIR]', os.getenv('PT_OUTPUT_DIR', ''))
    args.log_dir=args.log_dir.replace(
        '[PT_OUTPUT_DIR]', os.getenv('PT_OUTPUT_DIR', ''))

    os.makedirs(args.output_dir, exist_ok=True)
    if args.log_dir:
        os.makedirs(args.log_dir, exist_ok=True)
    json.dump(args.__dict__, open(os.path.join(
        args.output_dir, 'opt.json'), 'w'), sort_keys=True, indent=2)

    if args.local_rank == -1 or args.no_cuda:
        device=torch.device(
            "cuda" if torch.cuda.is_available() and not args.no_cuda else "cpu")
```

```
        n_gpu=torch.cuda.device_count()
    else:
        torch.cuda.set_device(args.local_rank)
        device=torch.device("cuda", args.local_rank)
        n_gpu=1
          # Initializes the distributed backend which will take care of sychronizing
          nodes/GPUs
        dist.init_process_group(backend='nccl')
    logger.info("device: {} n_gpu: {}, distributed training: {}, 16-bits training: {}".format(
        device, n_gpu, bool(args.local_rank ! = -1), args.fp16))

    if args.gradient_accumulation_steps < 1:
        raise ValueError("Invalid gradient_accumulation_steps parameter: {}, should be >
            = 1".format(
            args.gradient_accumulation_steps))

        args.train_batch_size=int(
        args.train_batch_size /args.gradient_accumulation_steps)

    random.seed(args.seed)
    np.random.seed(args.seed)
    torch.manual_seed(args.seed)
    if n_gpu > 0:
        torch.cuda.manual_seed_all(args.seed)

    if not args.do_train and not args.do_eval:
        raise ValueError(
            "At least one of 'do_train'or 'do_eval'must be True.")

    if args.local_rank not in (-1, 0):
         # Make sure only the first process in distributed training will download model
             & vocab
        dist.barrier()
    args.model_type=args.model_type.lower()
    config_class, model_class, tokenizer_class =
MODEL_CLASSES[args.model_type]
    config=config_class.from_pretrained(
        args.config_name if args.config_name else args.model_name_or_path, max_position
        _embeddings=args.max_position_embeddings,
label_smoothing=args.label_smoothing)
    tokenizer=tokenizer_class.from_pretrained(
        args.tokenizer_name if args.tokenizer_name else
args.model_name_or_path, do_lower_case=args.do_lower_case)
    data_tokenizer=WhitespaceTokenizer() if args.tokenized_input else tokenizer
    if args.local_rank == 0:
        dist.barrier()

    if args.do_train:
        print("Loading Train Dataset", args.data_dir)
```

```
        bi_uni_pipeline = [utils_seq2seq.Preprocess4Seq2seq(args.max_pred, args.mask_
        prob, list(tokenizer.vocab.keys()),
tokenizer.convert_tokens_to_ids, args.max_seq_length,
mask_source_words=False, skipgram_prb=args.skipgram_prb,
skipgram_size=args.skipgram_size, mask_whole_word=args.mask_whole_word,
tokenizer=data_tokenizer)]

        file=os.path.join(
            args.data_dir, args.src_file if args.src_file else 'train.tgt')
        train_dataset=utils_seq2seq.Seq2SeqDataset(
            file, args.train_batch_size, data_tokenizer,
args.max_seq_length, bi_uni_pipeline=bi_uni_pipeline)
        if args.local_rank == -1:
            train_sampler=RandomSampler(train_dataset,
replacement=False)
            _batch_size=args.train_batch_size
        else:
            train_sampler=DistributedSampler(train_dataset)
            _batch_size=args.train_batch_size //dist.get_world_size()
        train_dataloader=torch.utils.data.DataLoader(train_dataset,
batch_size=_batch_size, sampler=train_sampler,

num_workers=args.num_workers,
collate_fn=utils_seq2seq.batch_list_to_batch_tensors, pin_memory=False)

    # note: args.train_batch_size has been changed to (/=
args.gradient_accumulation_steps)
    # t_total=int(math.ceil(len(train_dataset.ex_list) /
args.train_batch_size)
    t_total=int(len(train_dataloader) * args.num_train_epochs /
                args.gradient_accumulation_steps)

    # Prepare model
    recover_step=_get_max_epoch_model(args.output_dir)
    print(recover_step)
    if args.local_rank not in (-1, 0):
        # Make sure only the first process in distributed training will download model
        & vocab
        dist.barrier()
    global_step=0
    if (recover_step is None) and (args.model_recover_path is None):
        model_recover=None
    else:
        if recover_step:
            logger.info("***** Recover model: %d ***** ", recover_step)
            model_recover=torch.load(os.path.join(
                args.output_dir, "model.{0}.bin".format(recover_step)),
map_location='cpu')
            # recover_step == number of epochs
```

```
            global_step=math.floor(
                recover_step * t_total /args.num_train_epochs)
        elif args.model_recover_path:
            logger.info("***** Recover model: % s ***** ",
                        args.model_recover_path)
            model_recover=torch.load(
                args.model_recover_path, map_location='cpu')
    model=model_class.from_pretrained(
        args.model_name_or_path, state_dict=model_recover, config=config)
    if args.local_rank == 0:
        dist.barrier()

    model.to(device)

    # Prepare optimizer
    param_optimizer=list(model.named_parameters())
    no_decay=['bias', 'LayerNorm.bias', 'LayerNorm.weight']
    optimizer_grouped_parameters=[
        {'params': [p for n, p in param_optimizer if not any(
            nd in n for nd in no_decay)], 'weight_decay': 0.01},
        {'params': [p for n, p in param_optimizer if any(
            nd in n for nd in no_decay)], 'weight_decay': 0.0}
    ]
    optimizer=AdamW(optimizer_grouped_parameters,
                    lr=args.learning_rate, eps=args.adam_epsilon)
    scheduler=get_linear_schedule_with_warmup(optimizer,
num_warmup_steps=int(args.warmup_proportion* t_total),
num_training_steps=t_total)
    if args.fp16:
        try:
            from apex import amp
        except ImportError:
            raise ImportError(
                "Please install apex from
https://www.github.com/nvidia/apex to use fp16 training.")
        model, optimizer=amp.initialize(
            model, optimizer, opt_level=args.fp16_opt_level)

    if args.local_rank != -1:
        try:
            from torch.nn.parallel import DistributedDataParallel as DDP
        except ImportError:
            raise ImportError("DistributedDataParallel")
        model=DDP(model, device_ids=[
                  args.local_rank], output_device=args.local_rank,
find_unused_parameters=True)
    elif n_gpu > 1:
        model=torch.nn.DataParallel(model)
```

```
    if recover_step:
        logger.info("***** Recover optimizer: % d ***** ", recover_step)
        optim_recover = torch.load(os.path.join(
            args.output_dir, "optim.{0}.bin".format(recover_step)),
map_location = 'cpu')
        if hasattr(optim_recover, 'state_dict'):
            optim_recover = optim_recover.state_dict()
        optimizer.load_state_dict(optim_recover)

        logger.info("***** Recover amp: % d ***** ", recover_step)
        amp_recover = torch.load(os.path.join(
            args.output_dir, "amp.{0}.bin".format(recover_step)),
map_location = 'cpu')
        amp.load_state_dict(amp_recover)

        logger.info("***** Recover scheduler: % d ***** ", recover_step)
        scheduler_recover = torch.load(os.path.join(
            args.output_dir, "sched.{0}.bin".format(recover_step)),
map_location = 'cpu')
        scheduler.load_state_dict(scheduler_recover)

    logger.info("***** CUDA.empty_cache() ***** ")
    torch.cuda.empty_cache()

    if args.do_train:
        logger.info(" ***** Running training ***** ")
        logger.info("  Batch size = % d", args.train_batch_size)
        logger.info("  Num steps = % d", t_total)

        model.train()
        training_loss = {}
        if recover_step:
            start_epoch = recover_step+1
        else:
            start_epoch = 1
        for i_epoch in trange(start_epoch, int(args.num_train_epochs)+1,
        desc = "Epoch", disable = args.local_rank not in (-1, 0)):
            if args.local_rank ! = -1:
                train_sampler.set_epoch(i_epoch)
            iter_bar = tqdm(train_dataloader, desc = 'Iter (loss = X.XXX)',
                            disable = args.local_rank not in (-1, 0))
            for step, batch in enumerate(iter_bar):
                batch = [
                    t.to(device) if t is not None else None for t in batch]
                input_ids, segment_ids, input_mask, lm_label_ids,
masked_pos, masked_weights, _ = batch
                masked_lm_loss = model(input_ids, segment_ids, input_mask,
lm_label_ids,
                                       masked_pos = masked_pos,
```

```
masked_weights=masked_weights)
                if n_gpu > 1:    # mean() to average on multi-gpu.
                    # loss=loss.mean()
                    masked_lm_loss=masked_lm_loss.mean()
                loss=masked_lm_loss

                # logging for each step (i.e., before normalization by args.gradient_accumulation_
                steps)
                iter_bar.set_description('Iter (loss=% 5.3f)'% loss.item())

                # ensure that accumlated gradients are normalized
                if args.gradient_accumulation_steps > 1:
                    loss=loss /args.gradient_accumulation_steps

                if args.fp16:
                    with amp.scale_loss(loss, optimizer) as scaled_loss:
                        scaled_loss.backward()
                    torch.nn.utils.clip_grad_norm_(
                        amp.master_params(optimizer), args.max_grad_norm)
                else:
                    loss.backward()
                    torch.nn.utils.clip_grad_norm_(
                        model.parameters(), args.max_grad_norm)

                if (step + 1) % args.gradient_accumulation_steps == 0:
                    optimizer.step()
                    scheduler.step()  # Update learning rate schedule
                    optimizer.zero_grad()
                    global_step += 1

            # Save a trained model
            if (args.local_rank == -1 or torch.distributed.get_rank() == 0):
                logger.info(
                    "** ** * Saving fine-tuned model and optimizer ** ** * ")

                model_to_save=model.module if hasattr(
                    model, 'module') else model  # Only save the model it-self
                output_model_file=os.path.join(
                    args.output_dir, "model.{0}.bin".format(i_epoch))
                #用于保存模型的参数
                torch.save(model_to_save.state_dict(), output_model_file)
                output_optim_file=os.path.join(
                    args.output_dir, "optim.{0}.bin".format(i_epoch))
                #用于保存模型的优化器
                torch.save(optimizer.state_dict(), output_optim_file)
                if args.fp16:
                    output_amp_file=os.path.join(
                        args.output_dir, "amp.{0}.bin".format(i_epoch))
                    torch.save(amp.state_dict(), output_amp_file)
```

```
            output_sched_file=os.path.join(
                args.output_dir, "sched.{0}.bin".format(i_epoch))
            torch.save(scheduler.state_dict(), output_sched_file)

            logger.info(" ***** CUDA.empty_cache() ***** ")
            torch.cuda.empty_cache()
        training_loss[i_epoch]=loss
    logger.info(training_loss)

if __name__ == "__main__":
    main()
```

代码清单 9-1 是 run_seq2seq.py 的部分代码，可用于训练 T5、UniLM 和 BART 三个模型，因为代码是通用的。3 个模型都以 seq2seq_train_data.json 文件作为训练集，并输出微调后的模型权重值文件，输出的权重值文件位于路径“./unilm_output/”下。

Seq2seq_train_data.json 脚本定义了可执行模型训练的 main()函数和 parser=argparse.ArgumentParser()来存储各种参数，例如模型类型、迭代批次、训练集路径和验证集路径等。

data_dir 指定了原始样本的路径。model_name_or_path 指定预训练模型的存储路径，这些模型可以从 Hugging Face 下载并在 Transformers 库中调用。例如，UniLM 模型的路径为“../bert/unilm-chinese-base/”。

output_dir 用来指定模型输出路径，即生成模型并保存的相对路径。例如，UniLM 的相对路径为“./unilm_output/”。

当参数 args.local_rank 为-1 时，torch.cuda.set_device()函数被用来选择训练模型的设备，例如采用 GPU1 进行训练。

args.train_batch_size 定义了训练模型的 batch_size。tokenizer 和 data_tokenizer 都是编码的分词器，可从自带的预训练模型 Transformers 库中导入。

args.do_train 参数用于控制模型的训练，如果设置为 True，则模型将进行训练。数据集由模块 utils_seq2seq 导入，该模块定义的数据处理类 Seq2SeqDataset，可封装并处理原始数据集。

RandomSampler 表示随机采样策略，通常用于 CPU 训练，而 DistributedSampler 表示分布式采样策略，该策略可以加速训练，通常用于 GPU 训练。参数 train_dataset 指的是由 utils_seq2seq 模块处理后的数据集，sampler 是数据采样策略，在采用 GPU 训练时可采用分布式采样策略。

collate_fn 用来处理批量数据，是每个批次数据的处理函数。它调用了 utils_seq2seq 模块中的 batch_list_to_batch_tensors 来处理。该函数将每个批次的样本从列表形式转换为 Tensor 形式，以便数据可以输入到模型中进行训练。

t_total 表示梯度更新的总次数。

model 表示从预训练模型中导入的模型，model_name_or_path 指定了预训练模型导入的路径。

model. to(device)指定了采用特定的设备进行训练。

param_optimizer 中封装了需要更新的已命名参数，这些参数在一个列表中存储。

optimizer_grouped_parameters 将要更新的参数封装在一个字典中，其中定义了模型的权重值文件，这些参数不会发生梯度衰减。

seq2seq_train_data. json 脚本采用 AdamW 优化器。amp 工具是从 Apex 库中导入的，用于加速 Torch 训练。

amp. initialize()函数是初始化需要加速训练的模型和优化器。该函数之后的部分是模型训练的流程。

model. train()使模型进入训练状态。本项目将模型训练的 epoch 数设置为 50。

代码清单 9-2 为用 T5、BART、UniLM 生成 SPARQL 语句的过程。

代码清单 9-2　用 T5、BART、UniLM 生成 SPARQL 语句

```
from __future__ import absolute_import
from __future__ import division
from __future__ import print_function

import os
import logging
import glob
import argparse
import math
import random
from tqdm import tqdm, trange
import pickle
import numpy as np
import torch
from torch.utils.data import DataLoader, RandomSampler
from torch.utils.data.distributed import DistributedSampler

from tokenization_unilm import UnilmTokenizer, WhitespaceTokenizer
from transformers import AdamW, get_linear_schedule_with_warmup
from modeling_unilm import UnilmForSeq2SeqDecode, UnilmConfig
# from transformers import (UnilmTokenizer, WhitespaceTokenizer,
#                          UnilmForSeq2SeqDecode, AdamW, UnilmConfig)


import utils_seq2seq

ALL_MODELS = sum((tuple(conf.pretrained_config_archive_map.keys())
                 for conf in (UnilmConfig,)), ())
MODEL_CLASSES = {
    'unilm': (UnilmConfig, UnilmForSeq2SeqDecode, UnilmTokenizer)
}

logging.basicConfig(format = '%(asctime)s - %(levelname)s - %(name)s
-   %(message)s',
```

```
                    datefmt='%m/%d/%Y %H:%M:%S',
                    level=logging.INFO)
logger=logging.getLogger(__name__)


def detokenize(tk_list):
    r_list=[]
    for tk in tk_list:
        if tk.startswith('##') and len(r_list) > 0:
            r_list[-1]=r_list[-1] + tk[2:]
        else:
            r_list.append(tk)
    return r_list


def main():
    parser=argparse.ArgumentParser()

    # Required parameters
    parser.add_argument("--model_type", default='unilm', type=str,
required=False,
                        help="Model type selected in the list: " + ",
".join(MODEL_CLASSES.keys()))
    parser.add_argument("--model_name_or_path",
default='../bert/unilm-chinese-base/', type=str, required=False,
                         help="Path to pre-trained model or shortcut name selected in the
                         list: " + ", ".join(ALL_MODELS))
    parser.add_argument("--model_recover_path",
default='./unilm_output/model.100.bin', type=str,
                        help="The file of fine-tuned pretraining model.")
    parser.add_argument("--config_name", default="", type=str,
                        help="Pretrained config name or path if not the same as model_name")
    parser.add_argument("--tokenizer_name", default="", type=str,
                         help="Pretrained tokenizer name or path if not the same as model_
                         name")
    parser.add_argument("--max_seq_length", default=320, type=int,
                           help="The maximum total input sequence length after WordPiece
                           tokenization. \n"
                           "Sequences longer than this will be truncated, and
                           sequences shorter \n"
                           "than this will be padded.")
    parser.add_argument('--max_position_embeddings', type=int,
    default=512,help="max position embeddings")

    # decoding parameters
    parser.add_argument('--fp16', action='store_true',
                        help="Whether to use 16-bit float precision instead of 32-bit")
    parser.add_argument('--fp16_opt_level', type=str, default='O1',
                        help="For fp16: Apex AMP optimization level selected in ['O0', 'O1',
```

```
                        'O2', and 'O3']."
                        "See details at
https://nvidia.github.io/apex/amp.html")
    parser.add_argument("--input_file", default='../data2022/验证集问题.txt', type=
    str, help="Input file")
    parser.add_argument('--subset', type=int, default=0,
                        help="Decode a subset of the input dataset.")
    parser.add_argument("--output_file",
default='../data2022/unilm_sparql_result.txt', type=str, help="output file")
    parser.add_argument("--split", type=str, default="",
                        help="Data split (train/val/test).")
    parser.add_argument('--tokenized_input', action='store_true',
                        help="Whether the input is tokenized.")
    parser.add_argument('--seed', type=int, default=123,
                        help="random seed for initialization")
    parser.add_argument("--do_lower_case", default=True,
                        help="Set this flag if you are using an uncased model.")
    parser.add_argument('--batch_size', type=int, default=4,
                        help="Batch size for decoding.")
    parser.add_argument('--beam_size', type=int, default=1,
                        help="Beam size for searching")
    parser.add_argument('--length_penalty', type=float, default=0,
                        help="Length penalty for beam search")
    parser.add_argument('--forbid_duplicate_ngrams', action='store_true')
    parser.add_argument('--forbid_ignore_word', type=str, default=None,
                        help="Forbid the word during forbid_duplicate_ngrams")
    parser.add_argument("--min_len", default=None, type=int)
    parser.add_argument('--need_score_traces', action='store_true')
    parser.add_argument('--ngram_size', type=int, default=3)
    parser.add_argument('--max_tgt_length', type=int, default=220,
                        help="maximum length of target sequence")

    args=parser.parse_args()

    if args.need_score_traces and args.beam_size <= 1:
        raise ValueError(
            "Score trace is only available for beam search with beam size > 1.")
    if args.max_tgt_length >= args.max_seq_length - 2:
        raise ValueError("Maximum tgt length exceeds max seq length - 2.")

    device=torch.device(
        "cuda" if torch.cuda.is_available() else "cpu")
    n_gpu=torch.cuda.device_count()

    random.seed(args.seed)
    np.random.seed(args.seed)
    torch.manual_seed(args.seed)
    if n_gpu > 0:
        torch.cuda.manual_seed_all(args.seed)
```

```
    args.model_type=args.model_type.lower()
    config_class, model_class, tokenizer_class=MODEL_CLASSES[args.model_type]
    config=config_class.from_pretrained(
        args.config_name if args.config_name else args.model_name_or_path,
max_position_embeddings=args.max_position_embeddings)
    tokenizer=tokenizer_class.from_pretrained(
        args.tokenizer_name if args.tokenizer_name else
args.model_name_or_path, do_lower_case=args.do_lower_case)

    bi_uni_pipeline=[]

bi_uni_pipeline.append(utils_seq2seq.Preprocess4Seq2seqDecode(list(tokenizer.vocab.keys
  ()), tokenizer.convert_tokens_to_ids,

args.max_seq_length, max_tgt_length=args.max_tgt_length))

    # Prepare model
    mask_word_id, eos_word_ids, sos_word_id=
tokenizer.convert_tokens_to_ids(
        ["[MASK]", "[SEP]", "[S2S_SOS]"])
    forbid_ignore_set=None
    if args.forbid_ignore_word:
        w_list=[]
        for w in args.forbid_ignore_word.split('|'):
            if w.startswith('[') and w.endswith(']'):
                w_list.append(w.upper())
            else:
                w_list.append(w)
        forbid_ignore_set=set(tokenizer.convert_tokens_to_ids(w_list))
    print(args.model_recover_path)
    for model_recover_path in
glob.glob(args.model_recover_path.strip()):
        logger.info(" ***** Recover model: %s ***** ", model_recover_path)
        model_recover=torch.load(model_recover_path)
        model=model_class.from_pretrained(args.model_name_or_path,
state_dict=model_recover, config=config, mask_word_id=mask_word_id,
search_beam_size=args.beam_size, length_penalty=args.length_penalty,
                                                   eos_id=eos_word_ids,
sos_id=sos_word_id, forbid_duplicate_ngrams=args.forbid_duplicate_ngrams,
forbid_ignore_set=forbid_ignore_set, ngram_size=args.ngram_size,
min_len=args.min_len)
del model_recover

model.to(device)

        if args.fp16:
            try:
                from apex import amp
            except ImportError:
```

```
            raise ImportError(
                "Please install apex from
https://www.github.com/nvidia/apex to use fp16 training.")
        model = amp.initialize(model, opt_level=args.fp16_opt_level)

    if n_gpu > 1:
        model = torch.nn.DataParallel(model)

    torch.cuda.empty_cache()
    model.eval()
    next_i = 0
    max_src_length = args.max_seq_length - 2 - args.max_tgt_length

    with open(args.input_file, 'r', encoding="utf-8") as fin:
        input_lines = [x.strip() for x in fin.readlines()]
        if args.subset > 0:
            logger.info("Decoding subset: %d", args.subset)
            input_lines = input_lines[:args.subset]
    data_tokenizer = WhitespaceTokenizer() if args.tokenized_input else tokenizer
    input_lines = [data_tokenizer.tokenize(
        x)[:max_src_length] for x in input_lines]
    input_lines = sorted(list(enumerate(input_lines)),
                         key=lambda x: -len(x[1]))
    output_lines = [""] * len(input_lines)
    score_trace_list = [None] * len(input_lines)
    total_batch = math.ceil(len(input_lines) /args.batch_size)

    with tqdm(total=total_batch) as pbar:
        while next_i < len(input_lines):
            _chunk = input_lines[next_i:next_i + args.batch_size]
            buf_id = [x[0] for x in _chunk]
            buf = [x[1] for x in _chunk]
            next_i += args.batch_size
            max_a_len = max([len(x) for x in buf])
            instances = []
            for instance in [(x, max_a_len) for x in buf]:
                for proc in bi_uni_pipeline:
                    instances.append(proc(instance))
            with torch.no_grad():
                batch = utils_seq2seq.batch_list_to_batch_tensors(
                    instances)
                batch = [
                    t.to(device) if t is not None else None for t in batch]
                input_ids, token_type_ids, position_ids, input_mask = batch
                traces = model(input_ids, token_type_ids,
                               position_ids, input_mask)
                if args.beam_size > 1:
                    traces = {k: v.tolist() for k, v in traces.items()}
                    output_ids = traces['pred_seq']
```

```
                    else:
                        output_ids = traces.tolist()
                    for i in range(len(buf)):
                        w_ids = output_ids[i]
                        output_buf = tokenizer.convert_ids_to_tokens(w_ids)
                        output_tokens = []
                        for t in output_buf:
                            if t in ("[SEP]", "[PAD]"):
                                break
                            output_tokens.append(t)
                        output_sequence = ''.
join(detokenize(output_tokens))
                        print(output_sequence)
                        output_lines[buf_id[i]] = output_sequence
                        if args.need_score_traces:
                            score_trace_list[buf_id[i]] = {
                                'scores': traces['scores'][i], 'wids':
traces['wids'][i], 'ptrs': traces['ptrs'][i]}
                pbar.update(1)
        if args.output_file:
            fn_out = args.output_file
        else:
            fn_out = model_recover_path+'.'+args.split
        with open(fn_out, "w", encoding="utf-8") as fout:
            for l in output_lines:
                fout.write(l)
                fout.write("\n")

        if args.need_score_traces:
            with open(fn_out + ".trace.pickle", "wb") as fout_trace:
                pickle.dump(
                    {"version": 0.0, "num_samples": len(input_lines)}, fout_trace)
                for x in score_trace_list:
                    pickle.dump(x, fout_trace)


if __name__ == "__main__":
    main()
```

上述代码的输入是 input_file，位于文件“../data2022/验证集问题.txt”里面，即输入的是验证集的问题。输入样例如下所示：

```
Text:距离西湖最近的酒店有哪些?
```

将验证集的问题导入后放入模型进行预测，最后生成的文件是“../data2022/unilm_sparql_result.txt”，其中就是生成的 SPARQL 语句。可以选择 T5、BART 或者 UniLM 中的一个作为生成模型。

代码清单 9-2 中的具体参数说明如下。

1）max_seq_length指定模型输出的SPARQL语句的最大长度，本例中选择的是220。

2）tokenizer是在预训练模型（T5、BART或UniLM）中导出的分词器，其作用是将验证集中的原始问题按字符级别进行切割，并对其进行编码，以便对模型进行数据输入。

3）bi_uni_pipeline是一个列表，用于存储输入验证集的数据，其中填入的数据是由utils_seq2seq模块中的Preprocess4Seq2seqDecode类加工过的。

4）model.to(device)将模型设置为特定设备，本例选择了GPU作为验证部分的设备。

5）torch.nn.DataParallel(model)在多卡训练时，可以使用此模块进行并行训练，同样可以加速验证。

6）model.eval()表示开始进行模型评估。

7）max_src_length指定模型生成的SPARQL语句的最大长度。

8）WhitespaceTokenizer()是基于空格的分词器，其效果相当于split('')。

9）with torch.no_grad()表示模型开始进行评估，此时所有梯度都不会更新。

10）batch中包含了封装的批次数据，包括input_ids、token_type_ids、position_ids、input_mask数据。这些数据由Preprocess4Seq2seqDecode类处理成Tensor类型的数据，对应原始问题。

11）output_sequence为经过模型解码后的生成语句，存储在output_dir文件夹中。

9.4　T5、BART、UniLM模型结果合并

本节实现如下两个操作。

1）将3个模型生成的SPARQL语句和自然语言问题进行合并，以此作为后续语义匹配排序的数据集。合并的语句被存放在路径“./data2022/join_original_sparql-val2022.csv”中。

2）将3个模型生成的SPARQL语句结果合并，并完成格式转化，使得生成的SPARQL语句可以直接在知识图谱中进行查询。

代码清单9-3展示了3个模型结果合并的代码，实现了SPARQL语句和自然语言问题的合并，以及3个模型的结果合并：

代码清单9-3　合并SPARQL语句

```
import re
import pandas as pd
import pickle
from SPARQLParser_awudima.sparql import parser

# 检查SQL是否错误
def check_sql(sql):
    try:
        query=parser.sparql(sql)
    except:
```

```
        return False
    return True

#获取查询的结果变量x
def get_select_x(sql):
    x=''
    sql=sql.replace('','').lower()
    pattern=re.compile(r'select\? (.*)where')
    res=re.match(pattern, sql)
    if res:
        x=res.group(1)

    else:
        pass
    return x

#拆分出SPARQL中的三元组
def extract_condition(query: str):
    conditions=[]
    sss=str(parser.sparql(query))
    for s in sss.split('\n'):
        s=s.strip('.')
        if s and s[0] in ['<', '?', '"']:
            ccc=s.split(' ')
            if len(ccc)==3:
                conditions.append(ccc)
            elif len(ccc)>3:
                conditions.append(ccc[:2]+[' '.join(ccc[2:])])
            else:
                input()
    return conditions

f1=open('./data2022/t5_sparql_result.txt','r',encoding='utf-8')
f2=
open('./data2022/new_unilm_sparql_result.txt','r',encoding='utf-8')
f3=open('./data2022/new_bart_sparql_result.txt','r',encoding='utf-8')

f111=open('./data2022/t5_val2022_result.txt','r',encoding='utf-8')
f222=open('./data2022/unilm_val2022_result.txt','r',encoding='utf-8')
f333=open('./data2022/bart_val2022_result.txt','r',encoding='utf-8')
f_q=open('./data2022/验证集问题.txt','r',encoding='utf-8')
qqq= f_q.readlines()
f1_result=f1.readlines()
f2_result=f2.readlines()
f3_result=f3.readlines()
f111_result=f111.readlines()
f222_result=f222.readlines()
f333_result=f333.readlines()
```

```
sql1, sql2, sql3 = [], [], []
result1, result2, result3 = [], [], []
candidate_paths = []
questions = []
count = 0
for i in range(len(qqq)):
    _ = qqq[i].index(':')+1
    question = qqq[i].strip()[_:]
    questions.append(question)

    res1,res2,res3 = '','',''
    res111,res222,res333 = '','',''
    t1,t2,t3 = [],[],[]
    if i<len(f1_result):
        res1 = f1_result[i].strip()
        res111 = f111_result[i].strip()
    if i<len(f2_result):
        res2 = f2_result[i].strip()
        res222 = f222_result[i].strip()
    if i<len(f3_result):
        res3 = f3_result[i].strip()
        res333 = f333_result[i].strip()

    if res111:
        cur_path1 = ''
        res_1_x = get_select_x(res1)
        triad = extract_condition(res1)
        for i in range(len(triad)):
            for c in triad[i]:
                if c == '?'+ res_1_x:
                    cur_path1 += '^'
                elif c[0] == '?':
                    pass
                elif c[0] == '"'and c[-1] == '"':
                    cur_path1 += c[1:-1]
                elif c[0] == '<'and c[-1] == '>':
                    cur_path1 += c[1:-1]
                else:
                    cur_path1 += c
        candidate_paths.append((question, cur_path1))
        count += 1

    if res222:
        cur_path2 = ''
        res_2_x = get_select_x(res2)
        triad2 = extract_condition(res2)
        for i in range(len(triad2)):
            for c in triad2[i]:
                if c == '?'+ res_2_x:
```

```
                cur_path2 += '^ '
            elif c[0] == '?':
                pass
            elif c[0] == '"'and c[-1] == '"':
                cur_path2 += c[1:-1]
            elif c[0] == '<'and c[-1] == '>':
                cur_path2 += c[1:-1]
            else:
                cur_path2 += c
        candidate_paths.append((question, cur_path2))
        count += 1

    if res333:
        cur_path3 = "
        res_3_x=get_select_x(res3)
        triad3=extract_condition(res3)
        for i in range(len(triad3)):
            for c in triad3[i]:
                if c == '?'+ res_3_x:
                    cur_path3 += '^'
                elif c[0] == '?':
                    pass
                elif c[0] == '"'and c[-1] == '"':
                    cur_path3 += c[1:-1]
                elif c[0] == '<'and c[-1] == '>':
                    cur_path3 += c[1:-1]
                else:
                    cur_path3 += c
        candidate_paths.append((question, cur_path3))
        count += 1

    sql1.append(res1)
    sql2.append(res2)
    sql3.append(res3)
    result1.append(res111)
    result2.append(res222)
    result3.append(res333)

    if (res111==res222 and res111) or (res111==res333 and res333) or
(res333==res222 and res333):
        print(question)

pd.DataFrame({'questions':questions,'sparql1':sql1,'sparql2':sql2,'sparql3':sql3,'
     result1':result1,'result2':result2,'result3':result3}).to_csv('./data2022/join_
       original_sparql-val2022.csv')
pickle.dump(candidate_paths,open("./路径排序
/data/original/dev.pkl","wb"))
print(count)
```

f1、f2、f3 是 3 个模型生成的 SPARQL 语句。f111、f222、f333 表示的是 3 个模型生成的 SPARQL 语句所对应的查询答案，而 UniLM 和 BART 生成的 SPARQL 语句不能直接查询，生成的 SPARQL 语句中间存在空格。

这类格式通过 get_select_x( ) 函数进行转换。为了提取到每个模型生成的 SPARQL 的路径，采用 extract_condition( ) 函数将中间的<、>、? 等符号去掉，提取语句中的 SPARQL 语句即可。

sql1、sql2、sql3、result1、result2、result3 分别代表 3 个正确的 SPARQL 语句和 3 个模型生成的结果，将它们保存在 CSV 文件里面。

9.5 路径排序

可将路径排序定义为一个分类问题。路径排序的流程如下。

1）先对自然语言问题和得到的路径进行合并，作为训练数据集的正样本。

2）基于自然语言问题和路径，根据语义相似度构造与其相近的负样本。为每条 SPARQL 语句构造 4 条负样本，路径排序模型用正样本和负样本组成的数据集进行训练。

3）将得到的每条正样本的得分进行排序，得分最高的样本的路径对应的 SPARQL 语句将被当成得分最高的 SPARQL 语句。

路径排序代码如代码清单 9-4 所示。

代码清单 9-4 路径排序

```
import argparse
import os
import sys
import random
import time
import math
import json
from functools import partial
import pickle
import numpy as np
from tqdm import tqdm
import paddle
from paddle.io import DataLoader
import paddle.nn as nn
from paddle.metric import Accuracy
from paddlenlp.datasets import load_dataset
from paddlenlp.data import DataCollatorWithPadding
from paddlenlp.transformers import LinearDecayWithWarmup
from paddlenlp.transformers import AutoModelForSequenceClassification, AutoTokenizer
from paddlenlp.losses import RDropLoss
import paddle.nn.functional as F
```

```
METRIC_CLASSES = {
    "afqmc": Accuracy,
    "tnews": Accuracy,
    "iflytek": Accuracy,
    "ocnli": Accuracy,
    "cmnli": Accuracy,
    "cluewsc2020": Accuracy,
    "csl": Accuracy,
}


def parse_args():
    parser = argparse.ArgumentParser()

    # Required parameters
    parser.add_argument(
        "--task_name",
        default = 'tnews',
        type = str,
        required = False,
        help = "The name of the task to train selected in the list: " +
        ", ".join(METRIC_CLASSES.keys()))
    parser.add_argument(
        "--model_name_or_path",
        default = 'macbert-large-chinese',

        type = str,
        required = False,
        help = "Path to pre-trained model or shortcut name.")
    parser.add_argument(
        "--output_dir",
        default = "./macbert_fgm_路径排序_outpout/",
        type = str,
        help = "The output directory where the model predictions and
checkpoints will be written."
    )
    parser.add_argument(
        "--max_seq_length",
        default = 160,
        type = int,
        help = "The maximum total input sequence length after tokenization.
Sequences longer "
        "than this will be truncated, sequences shorter will be padded.")
    parser.add_argument(
        "--learning_rate",
        default = 5e-5,
        type = float,
        help = "The initial learning rate for Adam.")
    parser.add_argument(
```

```
        "--num_train_epochs",
        default=5,
        type=int,
        help="Total number of training epochs to perform.")
    parser.add_argument(
        "--logging_steps",
        type=int,
        default=200,
        help="Log every X updates steps.")
    parser.add_argument(
        "--save_steps",
        type=int,
        default=2000,
        help="Save checkpoint every X updates steps.")
    parser.add_argument(
        "--batch_size",
        default=16,
        type=int,
        help="Batch size per GPU/CPU for training.")
    parser.add_argument(
        "--weight_decay",
        default=0.0,
        type=float,
        help="Weight decay if we apply some.")
    parser.add_argument(
        "--warmup_steps",
        default=0,
        type=int,
        help="Linear warmup over warmup_steps. If > 0: Override
warmup_proportion"
    )
    parser.add_argument(
        "--warmup_proportion",
        default=0.1,
        type=float,
        help="Linear warmup proportion over total steps.")
    parser.add_argument(
        "--adam_epsilon",
        default=1e-6,
        type=float,
        help="Epsilon for Adam optimizer.")
    parser.add_argument(
        '--gradient_accumulation_steps',
        type=int,
        default=1,
        help="Number of updates steps to accumualte before performing a backward/update
        pass."
    )
    parser.add_argument(
```

```
        "--do_train", default=True, help="Whether do train.")
    parser.add_argument(
        "--do_eval", action='store_true', help="Whether do train.")
    parser.add_argument(
        "--do_predict", default=True, help="Whether do predict.")
    parser.add_argument(
        "--max_steps",
        default=-1,
        type=int,
        help="If > 0: set total number of training steps to perform. Override num_train_
        epochs."
    )
    parser.add_argument(
        "--seed", default=42, type=int, help="random seed for
initialization")
    parser.add_argument(
        "--device",
        default="gpu",
        type=str,
        help="The device to select to train the model, is must be cpu/gpu/xpu.")
    parser.add_argument("--dropout", default=0.1, type=float,
help="dropout.")   #默认为0.1，使用rdrop时设置为0.3
    parser.add_argument(
        "--max_grad_norm",
        default=1.0,
        type=float,
        help="The max value of grad norm.")
    args=parser.parse_args()
    return args


def set_seed(args):
    # Use the same data seed(for data shuffle) for all procs to guarantee data
    # consistency after sharding.
    random.seed(args.seed)
    np.random.seed(args.seed)
    # Maybe different op seeds(for dropout) for different procs is better. By:
    # 'paddle.seed(args.seed + paddle.distributed.get_rank())'
    paddle.seed(args.seed)


@ paddle.no_grad()
def evaluate(model, loss_fct, metric, data_loader):
    model.eval()
    metric.reset()
    for batch in data_loader:
        labels=batch.pop("labels")
        logits=model(** batch)
        loss=loss_fct(logits, labels)
```

```
            correct=metric.compute(logits, labels)
            metric.update(correct)
        res=metric.accumulate()
        print("eval loss: %f, acc: %s, " % (loss.numpy(), res), end='')
        model.train()
        return res

    def read(data_path):
        f_in=open(data_path, 'r', encoding='utf-8')
        text=json.load(f_in)
        for t in text:
            yield {'query': t['query'], 'title': t['title'], 'label': int(t['label'])}

    def read_test(data_path):
        reader=pickle.load(open(data_path, "rb"))
        for line in tqdm(reader):
            yield {'query': line[0], 'title': line[1], 'label': 0}

    import numpy.linalg as npl
    class FGM(object):
        def __init__(self, model):
            self.model=model
            self.embedding_params()
            self.backup={}

        def embedding_params(self):
            emb_name='word_emb'
            counter=0
            for name, param in self.model.state_dict().items():
                if emb_name in name and not param.stop_gradient:
                    print(name)
                    counter += 1
            print('Got %d embedding related params.' % counter)

        def attack(self, epsilon=1.0, emb_name='word_emb'):
            for name, param in self.model.state_dict().items():
                if not param.stop_gradient and emb_name in name:
                    self.backup[name]=param.numpy()
                    if param.gradient() is not None:
                        norm=npl.norm(param.gradient())
                        if norm != 0.:
                            r_at=epsilon * param.gradient() / norm
                            value=param.numpy() + r_at
                            # param += D.to_variable(r_at)
                            # self.model.set_dict({name: param})
                            param.set_value(value)

        def restore(self, emb_name='word_emb'):
            for name, param in self.model.state_dict().items():
```

```
            if not param.stop_gradient and emb_name in name:
                assert name in self.backup
                # self.model.set_dict({name: self.backup[name]})
                param.set_value(self.backup[name])
        self.backup = {}

def convert_example(example,
                    tokenizer,
                    label_list,
                    is_test=False,
                    max_seq_length=512):
    """convert a glue example into necessary features"""
    if not is_test:
        # 'label_list == None'is for regression task
        label_dtype="int64" if label_list else "float32"
        # Get the label
        label=np.array(example["label"], dtype="int64")
    # Convert raw text to feature
    example=tokenizer(
        example['query'],
        text_pair=example['title'],
        max_seq_len=max_seq_length)
    if not is_test:
        example["labels"]=label
    return example


def do_eval(args):
    paddle.set_device(args.device)
    if paddle.distributed.get_world_size() > 1:
        paddle.distributed.init_parallel_env()

    set_seed(args)

    args.task_name=args.task_name.lower()
    metric_class=METRIC_CLASSES[args.task_name]

    dev_ds=load_dataset('clue', args.task_name, splits='dev')

    tokenizer=AutoTokenizer.from_pretrained(args.model_name_or_path)
    trans_func=partial(
        convert_example,
        label_list=dev_ds.label_list,
        tokenizer=tokenizer,
        max_seq_length=args.max_seq_length)

    dev_ds=dev_ds.map(trans_func, lazy=True)
    dev_batch_sampler=paddle.io.BatchSampler(
        dev_ds, batch_size=args.batch_size, shuffle=False)
```

```
    batchify_fn=DataCollatorWithPadding(tokenizer)

    dev_data_loader=DataLoader(
        dataset=dev_ds,
        batch_sampler=dev_batch_sampler,
        collate_fn=batchify_fn,
        num_workers=0,
        return_list=True)

    num_classes=1 if dev_ds.label_list == None else
len(dev_ds.label_list)

    model=AutoModelForSequenceClassification.from_pretrained(
        args.model_name_or_path, num_classes=num_classes)
    if paddle.distributed.get_world_size() > 1:
        model=paddle.DataParallel(model)

    metric=metric_class()
    best_acc=0.0
    global_step=0
    tic_train=time.time()
    model.eval()
    metric.reset()
    for batch in dev_data_loader:
        labels=batch.pop("labels")
        logits=model(** batch)
        correct=metric.compute(logits, labels)
        metric.update(correct)
    res=metric.accumulate()
    print("acc: %s\n, " % (res), end='')


def do_train(args):
    assert args.batch_size % args.gradient_accumulation_steps == 0, \
        "Please make sure argmument 'batch_size'must be divisible by
'gradient_accumulation_steps'."
    paddle.set_device(args.device)
    if paddle.distributed.get_world_size() > 1:
        paddle.distributed.init_parallel_env()

    set_seed(args)

    args.task_name=args.task_name.lower()
    metric_class=METRIC_CLASSES[args.task_name]

    args.batch_size=int(args.batch_size /
args.gradient_accumulation_steps)
    # train_ds, dev_ds=load_dataset('clue', args.task_name,
splits=('train', 'dev'))
```

```
    # train_ds, dev_ds = load_dataset("lcqmc", splits = ["train", "dev"])
    train_ds = load_dataset(read,data_path =
'./data/train2022.json',lazy = False)
    dev_ds = load_dataset(read, data_path = './data/dev2022.json',
lazy = False)
    train_ds.label_list = ['0', '1']
    for idx, example in enumerate(train_ds):
        if idx <= 2:
            print(example)

    tokenizer = AutoTokenizer.from_pretrained(args.model_name_or_path)

    trans_func = partial(
        convert_example,
        label_list = train_ds.label_list,
        tokenizer = tokenizer,
        max_seq_length = args.max_seq_length)

    train_ds = train_ds.map(trans_func, lazy = True)

    train_batch_sampler = paddle.io.DistributedBatchSampler(
        train_ds, batch_size = args.batch_size, shuffle = True)

    dev_ds = dev_ds.map(trans_func, lazy = True)
    dev_batch_sampler = paddle.io.BatchSampler(
        dev_ds, batch_size = args.batch_size, shuffle = False)

    batchify_fn = DataCollatorWithPadding(tokenizer)

    train_data_loader = DataLoader(
        dataset = train_ds,
        batch_sampler = train_batch_sampler,
        collate_fn = batchify_fn,
        num_workers = 0,
        return_list = True)
    dev_data_loader = DataLoader(
        dataset = dev_ds,
        batch_sampler = dev_batch_sampler,
        collate_fn = batchify_fn,
        num_workers = 0,
        return_list = True)

    num_classes = 1 if train_ds.label_list == None else
len(train_ds.label_list)
    model = AutoModelForSequenceClassification.from_pretrained(args.model_name_or_path,
    num_classes = num_classes)

    if args.dropout ! = 0.1:
        update_model_dropout(model, args.dropout)
```

```
    if paddle.distributed.get_world_size() > 1:
        model = paddle.DataParallel(model)

    if args.max_steps > 0:
        num_training_steps = args.max_steps /
args.gradient_accumulation_steps
        num_train_epochs = math.ceil(num_training_steps /
                                     len(train_data_loader))
    else:
        num_training_steps = len(
            train_data_loader
        ) * args.num_train_epochs /args.gradient_accumulation_steps
        num_train_epochs = args.num_train_epochs

    warmup = args.warmup_steps if args.warmup_steps > 0 else
args.warmup_proportion

    lr_scheduler = LinearDecayWithWarmup(args.learning_rate,
num_training_steps,
                                         warmup)

    # Generate parameter names needed to perform weight decay.
    # All bias and LayerNorm parameters are excluded.
    decay_params = [
        p.name for n, p in model.named_parameters()
        if not any(nd in n for nd in ["bias", "norm"])
    ]
    optimizer = paddle.optimizer.AdamW(
        learning_rate = lr_scheduler,
        beta1 = 0.9,
        beta2 = 0.999,
        epsilon = args.adam_epsilon,
        parameters = model.parameters(),
        weight_decay = args.weight_decay,
        apply_decay_param_fun = lambda x: x in decay_params,
        grad_clip = nn.ClipGradByGlobalNorm(args.max_grad_norm))

    loss_fct = paddle.nn.loss.CrossEntropyLoss() if train_ds.label_list else
      paddle.nn.loss.MSELoss()
    # rdrop_loss_f = RDropLoss()

    metric = metric_class()
    best_acc = 0.0
    global_step = 0
    tic_train = time.time()
    fgm = FGM(model)
    for epoch in range(num_train_epochs):
        for step, batch in enumerate(train_data_loader):
            labels = batch.pop("labels")
```

```
            logits=model(** batch)
            loss=loss_fct(logits, labels)
            if args.gradient_accumulation_steps > 1:
                loss=loss /args.gradient_accumulation_steps
            loss.backward()

            # 对抗训练
            fgm.attack()
            adv_logits=model(** batch)
            adv_loss=loss_fct(adv_logits, labels)
            adv_loss.backward()
            fgm.restore()

            if (step + 1) % args.gradient_accumulation_steps == 0:
                global_step += 1
                optimizer.step()
                lr_scheduler.step()
                optimizer.clear_grad()
                if global_step % args.logging_steps == 0:
                    print(
                        "global step %d/%d, epoch: %d, batch: %d, rank_id: %s,
loss: %f, lr: %.10f, speed: %.4f step/s"
                        % (global_step, num_training_steps, epoch, step,
                          paddle.distributed.get_rank(), loss,
                          optimizer.get_lr(),
                          args.logging_steps /(time.time() - tic_train)))
                    tic_train=time.time()
                if global_step % args.save_steps == 0 or global_step ==
num_training_steps:
                    tic_eval=time.time()
                    acc=evaluate(model, loss_fct, metric, dev_data_loader)
                    print("eval done total : %s s" % (time.time() - tic_eval))
                    if acc > best_acc:
                        best_acc=acc
                        output_dir=args.output_dir
                        if not os.path.exists(output_dir):
                            os.makedirs(output_dir)
                        # Need better way to get inner model of DataParallel
                        model_to_save=model._layers if isinstance(
                            model, paddle.DataParallel) else model
                        model_to_save.save_pretrained(output_dir)
                        tokenizer.save_pretrained(output_dir)
                if global_step >= num_training_steps:
                    print("best_acc: ", best_acc)
                    return
    print("best_acc: ", best_acc)


def do_predict(args):
```

```
    paddle.set_device(args.device)
    args.task_name=args.task_name.lower()

    model_path=["./nezha_fgm_路径排序_outpout/","./ernie_fgm_路径排序
_outpout/","./macbert_fgm_路径排序_outpout/",\
                "./bert_fgm_路径排序_outpout/","./reformer_fgm_路径排序
_outpout/","./roberta_fgm_路径排序_outpout/"]
    all_score=[]
    f=open(os.path.join('./data/revise_v3/', "unilm_test_results.txt"), 'w')
    for mp in model_path:
        test_ds=load_dataset(read_test,
data_path='./data/revise_v3/unilm_test.pkl', lazy=False)
        tokenizer=AutoTokenizer.from_pretrained(mp)
        label_list=['0', '1']
        trans_func=partial(
            convert_example,
            tokenizer=tokenizer,
            label_list=label_list,
            max_seq_length=args.max_seq_length,
            is_test=True)
        batchify_fn=DataCollatorWithPadding(tokenizer)
        test_ds=test_ds.map(trans_func, lazy=True)
        test_batch_sampler=paddle.io.BatchSampler(test_ds,
batch_size=256, shuffle=False)
        test_data_loader=DataLoader(
            dataset=test_ds,
            batch_sampler=test_batch_sampler,
            collate_fn=batchify_fn,
            num_workers=0,
            return_list=True)
        num_classes=1 if label_list == None else len(label_list)
        model=AutoModelForSequenceClassification.from_pretrained(mp,
num_classes=num_classes)
        model.eval()
        each_score=[]
        for step, batch in tqdm(enumerate(test_data_loader)):
            with paddle.no_grad():
                logits=model(** batch)
            pred_score=F.softmax(logits, axis=1)[:,1].tolist()   # 取1的分数
            each_score.extend(pred_score)
        all_score.append(each_score)
    for sssss in tqdm(list(zip(* all_score))):
        score=sum(sssss) /len(model_path)
        f.write(str(score) + '\n')


def print_arguments(args):
    """print arguments"""
    print('-----------  Configuration Arguments -----------')
```

```
    for arg, value in sorted(vars(args).items()):
        print('%s: %s'% (arg, value))
    print('------------------------------------------------')


def update_model_dropout(model, p=0.0):
    model.base_model.embeddings.dropout.p=p
    for i in range(len(model.base_model.encoder.layers)):
        model.base_model.encoder.layers[i].dropout.p=p
        model.base_model.encoder.layers[i].dropout1.p=p
        model.base_model.encoder.layers[i].dropout2.p=p


if __name__ == "__main__":
    args=parse_args()
    print_arguments(args)
    # if args.do_train:
    #     do_train(args)
    # if args.do_eval:
    #     do_eval(args)
    if args.do_predict:
        do_predict(args)
```

路径排序是为了给生成的SPARQL语句打分。def parse_args()定义了macbert-large-chinese模型的各种超参数。

下面介绍训练路径排序模型里几个比较重要的参数。

1）max_seq_length：根据文本长度，这里将该参数设置为160。

2）learning_rate(学习率)设置的是1e-5，即训练轮数为5，训练批次(batch)设置的是16。

模型的输入来自两部分：一是T5、BART、UniLM三个模型所生成的SPARQL语句所得到的路径；二是修正后的SPARQL语句及其对应的路径（SPARQL修正部分在下面介绍），即候选路径和自然语言问题的合并。模型的输出为自然语言问题和候选路径对应的SPARQL语句。如果原始问题对应的SPARQL语句能够查询到正确答案，则任务SPARQL语句对应的路径和自然语言问题匹配，输出为1；如果不匹配，则为其他数值。

为了模型预测更精确，我们会构造一部分负样本。负样本来源于前面3个模型生成的SPARQL语句所对应的路径，例如生成了3个SPARQL语句都无法查询到正确答案，那么这3条SPARQL语句所对应的路径就可以当作负样本输入到模型中进行训练，对应的标签可以是2、3、4。

read()和read_test()函数分别用来读取训练集与测试集，以UniLM模型生成的路径为例，那么读取的文件路径为./data/revise_v3/unilm_test.pkl。训练时采取了对抗训练的策略，使用的对抗训练算法为FGM，使得模型收敛更稳定，参数的鲁棒性更强。

convert_example()函数将自然语言问题和路径合并后的文本转换成相应的数值。

分词器采用的是PaddleNLP框架中Transformers库的分词器AutoTokenizer。

DataLoader()函数用来加载训练集和验证集的批次数据。

do_train()和do_eval()分别用来训练模型和验证效果。训练集和验证集的数据分别在路径"./data/train2022.json"和"./data/dev2022.json"下，以JSON格式保存。模型训练之后，用do_predict函数对测试集里的数据进行预测，得到的是每个路径的得分，输出结果保存在"./macbert_fgm_路径排序_outpout/"当中。后续根据路径得分进行筛选、还原其对应的SPARQL语句。

9.6 SPARQL语句修正和再次排序

经过路径排序后，就得到了SPARQL语句的最佳查询语句，后面就是对无法查询到答案的SPARQL语句进行修正。

语句修正分为两种情况。一种是3个模型生成的SPARQL语句都无法查询或无法生成SPARQL查询语句。另一种是3个模型只有一个或两个模型能够生成SPARQL语句。无论是哪种，为了确保模型能够生成SPARQL语句，我们对所有无法生成SPARQL语句的模型进行修正，如代码清单9-5所示。

代码清单9-5　修正SPARQL语句

```
# encoding=utf-8
import pandas as pd
import gstore as gstore
import time
import re
import json
import redis
from tqdm import tqdm
from elasticsearch import Elasticsearch
import gensim
import numpy as np
import jieba
import pickle
from SPARQLParser_awudima.sparql import parser

word_vec_path='./data2022/ctb.50d.vec'
word2vec_model=
gensim.models.KeyedVectors.load_word2vec_format(word_vec_path,
binary=False)
for word in tqdm(word2vec_model.key_to_index.keys()):
    jieba.add_word(word)

def cosine_similarity(vec1, vec2):
    res=
```

```
np.dot(vec1,vec2)/(np.linalg.norm(vec1)* np.linalg.norm(vec2)+0.000000000001)
    return res

def get_vec(inp,model):
    vec=[]
    inp_list=jieba.cut(inp)
    for word in inp_list:
        if word in model.key_to_index.keys():
            vec.append(model[word])
        else:
            for w in list(word):
                if w in model.key_to_index.keys():
                    vec.append(model[w])
                else:
                    vec.append(np.zeros(model.vector_size))
    return np.mean(vec, axis=0)

def get_cos_similarity(a,b,word2vec_model):
    a_vec=get_vec(a, word2vec_model)
    b_vec=get_vec(b, word2vec_model)
    cos_sim=cosine_similarity(a_vec, b_vec)   #计算向量余弦相似度
    return cos_sim

#获取查询的结果变量x
def get_select_x(sql):
    x=''
    sql=sql.replace('','').lower()
    pattern=re.compile(r'select \? (.*)where')
    res=re.match(pattern, sql)
    if res:
        x=res.group(1)
    else:
        pass
         return x

def read_cilin(file):
    code_word={}
    word_code={}
    vocab=set()
    with open(file, 'r', encoding='gbk') as f:
        for line in f.readlines():
            res=line.split()
            code=res[0]  #词义编码
            words=res[1:]  #同组的多个词
            vocab.update(words)  #将一组词更新到词汇表中
            code_word[code]=words  #字典(目前键是词义编码,值是一组单词)

            for w in words:
                if w in word_code.keys():  #最终目的:键是单词本身,值是词义编码
```

```
                word_code[w].append(code)  # 如果单词已存在，就把当前编码增加到字典中
            else:
                word_code[w]=[code]  # 反之，则在字典中添加该项
    return word_code,code_word

# 拆分出 SPARQL 中的三元组
def extract_condition(query: str):
    conditions, yueshu=[], []
    sss=str(parser.sparql(query))
    for s in sss.split('\n'):
        s=s.strip('. ')
        if s and s[0] in ['<', '?', '"']:
            ccc=s.split('')
            if len(ccc)==3:
                conditions.append(ccc)
            elif len(ccc)>3:
                conditions.append(ccc[:2]+[''.join(ccc[2:])])
            else:
                input()
        elif 'filter'in s.lower() or 'order by'in s.lower():
            yueshu.append(s)
    return conditions, yueshu

# 判断实体是否真实存在
def is_entity_true(entity,rd_entity):
    rdes=[str(k, encoding="utf-8") for k in
rd_entity.smembers(entity[1])]
    if entity in rdes:
        return True
    return False

# 判断实体间是否有某种关系
def is_condition_true(entity, relation, is_out):
    if is_out:

        tmp='select ?x where { <实体> <关系> ?x. } '.replace('<实体>',
entity).replace('关系', relation)
    else:
        tmp='select ?x where { ?x <关系> <实体>. } '.replace('<实体>',
entity).replace('关系', relation)
    if not check_sql(tmp):
        return False
    ans=get_answer(tmp)
    if ans and ans ! = 'error!':
        return True
    return False

def entity_search(content,elastic_search,rds,rd_entity, is_out):
    content=content[1:-1].strip()
```

```
    mention=content.split('_')[0]

    tmp=set()
    is_self_in=False
    bieming=[str(k,encoding="utf-8") for k in rds.smembers(mention)]
    for bm in bieming:
        cur_bm=[str(k, encoding="utf-8") for k in
rd_entity.smembers(bm[0])]
        for cur in cur_bm:
            if bm == cur[1:-1]:
                tmp.add(cur)
            if mention == cur[1:-1]:
                is_self_in=True

    if not is_self_in:
        rdes=[str(k, encoding="utf-8") for k in
rd_entity.smembers(mention[0])]
        for rde in rdes:
            rde_mention=rde[1:-1].split('_')[0]
            if mention == rde_mention:   #保留与实体名称和实体指称相等的实体
                tmp.add(rde)
    query_json={"query": {"match": {'entity': mention}}}
    query=elastic_search.search(index='hash_id_entity', size=20,
body=query_json)
    for i in query['hits']['hits']:
        tmp.add(i['_source']['entity'])

    res=[]
    for r in tmp:
        if is_out and r[0]! ='<':
            continue
        if r[0]=='<'and ''in r:
            continue
        res.append(r)
    return res

def revise_relation(head,relation,end,ES,relation_dict,w_c,c_w):
    if relation in ['附近','实体名称','距离值','方向','平均价格']:
        return [(head,relation,end)]
    res=[]
    tmp=set()

    for r in relation_dict[relation[0]]:
        if r.lower()==relation:
get_cos_similarity(r,relation,word2vec_model)>0.6
            tmp.add(r)

    query_json={"query": {"match": {'relation': relation}}}
    query=ES.search(index='relation', size=10, body=query_json)
```

```
    for i in query['hits']['hits']:
        tmp.add(i['_source']['relation'][1:-1])

    if relation in w_c:
        cur_c=w_c[relation]  #包含当前词的所有编码
        for c in cur_c:
            tyc=c_w[c]   #同义词
            for w in tyc:
                if w[0] in relation_dict and w in relation_dict[w[0]]:
tmp.add(w)
                    #print(w)

    for r in tmp:
        if ''not in r:
            res.append((head,r,end))
    return res

#检查SPARQL是否有语法错误。为了编码方便，此处将SPARQL用SQL代替
def check_sql(sql):
    try:
        query=parser.sparql(sql)
    except:
        return False
    x=get_select_x(sql)
    if sql.count('?'+x)==1:
        print('############',sql)
        return False
    return True

def get_answer(s, mode=1):
    IP="pkubase.gstore.cn"
    Port=80
    username="root"
    password="123456"
    result=[]
    try:
        #print(s)
        gc=gstore.GstoreConnector(IP, Port, username, password)
        res=gc.query("pkubase", "json", s)
    except:
        print('502,sleep!',s)
        time.sleep(60)
        gc=gstore.GstoreConnector(IP, Port, username, password)
        res=gc.query("pkubase", "json", s)
    try:  #成功返回结果
        res=json.loads(res)
        key=res['head']['vars'][0]  #select 的 x or y or ...
        if res['results']['bindings']:
            for i in range(len(res['results']['bindings'])):
```

```
                if i==500 and mode==1:  #限制结果长度在500个Token以内
                    break
                cur_type=res['results']['bindings'][i][key]['type']
                cur=res['results']['bindings'][i][key]['value']
                if cur_type == 'literal'or cur_type == 'typed-literal':
                    cur='"'+cur+'"'
                elif cur_type == 'uri':
                    cur='<'+cur+'>'
                else:
                    print('unknown type!!! ',cur_type)
                if cur not in result:  #去重
                    result.append(cur)
        return result
    except:
        print('~~~',s)
        return 'error! '


#搜索实体的关系，is_out判断查询属于出度关系还是入度关系
def relation_search(entity,ori_relation,is_out,q):
    if is_out:
        tmp='select distinct ?x where { <北京大学> ?x ?y. } '.replace('<北京大学>',entity)
    else:
        tmp='select distinct ?x where { ?y ?x <北京大学>. } '.replace('<北京大学>',entity)
    if not check_sql(tmp):
        return []
    relations=get_answer(tmp)
    if relations=='error! ':
        return []
    res=[]
    for r in relations:
        if ''not in r:
            res.append(r[1:-1])
    return res

#基于BERT，对关系路径进行排序
def sort_path_by_bert(inp_paths,index,revise_bert_score):
    ddd={}  #该字典用于保存SPARQL语句中的每一个关系和对应的排序分组
    cur_scores=revise_bert_score[index:index+len(inp_paths)]
    for i in range(len(inp_paths)):
        ddd[inp_paths[i]]=cur_scores[i]
    sorted_ddd=sorted(ddd.items(),key=lambda x:x[1],reverse=True)
    res=[]
    scores=[]
    count=0
    for r,score in sorted_ddd:
        if count==100:  #只查询前100个路径，避免浪费时间
            break
        res.append(r)
```

```
            scores.append(score)
            count += 1
        return res,scores

from itertools import product
# 生成排列组合的SPARQL语句
def generate_comb_sparqls(sparql,combs,triad,yues):
    if not combs:
        return sparql,[]
    result=[]
    paths=[]
    res_x=get_select_x(sparql)
    changes=list(product(* combs))
    for change in changes:
        cur_sparql=sparql
        start_index=cur_sparql.index('{')
        i=0
        while i<len(triad):
            for j in range(len(triad[i])):  # len(triad[i])==3
                if triad[i][j][0]=='?':
                    continue
                ttt_index=cur_sparql.index(triad[i][j],start_index)
                if j == 1:
                    cur_sparql=cur_sparql[:ttt_index] +'<'+
change[i][j]+'>'+ cur_sparql[ttt_index+len(triad[i][j]):]
                else:
                    cur_sparql=cur_sparql[:ttt_index] + change[i][j] + cur_sparql[ttt_
                    index+len(triad[i][j]):]
                start_index=ttt_index+len(change[i][j])
            i += 1
        result.append(cur_sparql)

        cur_path=''
        for i in range(len(change)):
            for c in change[i]:
                if c =='?'+res_x:
                    cur_path += '^'
                elif c[0]=='?':
                    pass
                elif c[0]=='"'and c[-1]=='"':
                    cur_path += c[1:-1]
                elif c[0]=='<'and c[-1]=='>':
                    cur_path += c[1:-1]
                else:
                    cur_path += c
        cur_path=cur_path.replace('^^<http://www.w3.org/2001/XMLSchema#float>','')
        cur_path=
cur_path.replace('^^<http://www.w3.org/2001/XMLSchema#dateTime>','')
        for ys in yues:
```

```
            cur_path += ys
        paths.append(cur_path)
        print(cur_sparql,cur_path)

    return result,paths

def main_1():
    f1=open('./data2022/new_bart_sparql_result.txt', 'r',
encoding='utf-8')
    f2=open('./data2022/bart_val2022_result.txt', 'r',
encoding='utf-8')
    f3=open('./data2022/验证集问题.txt', 'r', encoding='utf-8')
    sparqls=f1.readlines()
    print(len(sparqls))
    answers=f2.readlines()
    questions=f3.readlines()
    print(len(answers), len(questions))

    fr=open('./data2022/relation_dict.pkl', 'rb')
    relation_dict=pickle.load(fr)

    word_code,code_word=read_cilin('./data2022/new_cilin.txt')

    rds=redis.Redis(host='192.168.56.101', port=6379, db=1)
    redis_entity=redis.Redis(host='192.168.56.101', port=6379, db=2)
    ES=Elasticsearch(hosts="http://192.168.56.101:9200")

    candidate_paths=[]
    candidate_sparqls=[]
    for i in tqdm(range(len(questions))):
        qqq=questions[i].strip('\n')
        _=qqq.index(':') + 1
        question=qqq[_:]
        # question=questions[i].strip()
        sparql=sparqls[i].strip('\n')
        answer=answers[i].strip('\n')
        if len(answer) == 0 and check_sql(sparql):
            # print(sparql)
            triad, yues=extract_condition(sparql)
            if len(triad) == 0:
                candidate_sparqls.append([])
                continue
            combs=[]
            for cur_triad in triad:
                head, relation, end=cur_triad
                if relation[0] == '<':# 特殊情况: <?a,?b,t> or <h,?a,?b>
                    relation=relation[1:-1]
                cur_comb=[]
                if 'http://www.w3.org/2001' in head or
```

```
'http://www.w3.org/2001'in end:
                    cur_comb=[(head,relation,end)]
                    combs.append(cur_comb)
                    continue
                is_out=True
                entity=''
                if head[0]=='?'and end[0]!='?':
                    entity=end
                    is_out=False
                elif head[0]!='?'and end[0]=='?':
                    entity=head
                else:
                    cur_comb=revise_relation(head, relation, end, ES,
relation_dict,word_code,code_word)
                    # cur_comb.append((head, relation, end))
                    # print(entity,head,relation,end)
                if entity:
                    # 如果实体存在，则信任当前实体
                  if not is_entity_true(entity, redis_entity):  # 实体不存在
                        candidates=
entity_search(entity,ES,rds,redis_entity, is_out)
                        for cand_entity in candidates:
                            if is_condition_true(cand_entity, relation,
is_out):
                                if is_out:

cur_comb.append((cand_entity,relation,end))
                                else:

cur_comb.append((head,relation,cand_entity))
                            else:
                                candidates_relations=
relation_search(cand_entity, relation,is_out,question)
                                for cand_relation in candidates_relations:
                                    if is_out:

cur_comb.append((cand_entity,cand_relation,end))
                                    else:

cur_comb.append((head,cand_relation,cand_entity))
                    else:  # 如果实体存在，则只修改关系
                        # 原始三元组正确
                        if is_condition_true(entity, relation, is_out):

                            if is_out:
                                cur_comb.append((entity,relation,end))
                            else:
                                cur_comb.append((head,relation,entity))
                        else:
```

```
                            candidates_relations = relation_search(entity,
relation,is_out,question)
                            for cand_relation in candidates_relations:
                                if is_out:

cur_comb.append((entity,cand_relation,end))
                                else:

cur_comb.append((head,cand_relation,entity))
                combs.append(cur_comb)
            cur_sparqls,cur_paths =
generate_comb_sparqls(sparql,combs,triad, yues)
            for path in cur_paths:
                candidate_paths.append((question,path))
            candidate_sparqls.append(cur_sparqls)
        else:
            # print(sparql)
            candidate_sparqls.append([])

    print(len(candidate_paths))

    # pickle.dump(candidate_paths,open("./路径排序
/data/revise/t5_dev.pkl","wb"))
    #
pd.DataFrame({'question':questions, 'candidate_ sparqls':candidate_sparqls}).to_ csv
   ('./data2022/t5_revise_sparqls.csv',encoding='utf-8')

    # pickle.dump(candidate_paths, open("./路径排序
/data/revise/unilm_dev.pkl", "wb"))
    # pd.DataFrame({'question': questions, 'candidate_sparqls':
candidate_sparqls}).to_csv('./data2022/unilm_revise_sparqls.csv',
encoding='utf-8')

    pickle.dump(candidate_paths, open("./路径排序
/data/revise/bart_dev.pkl", "wb"))
    pd.DataFrame({'question': questions, 'candidate_sparqls':
candidate_sparqls}).to_csv('./data2022/bart_revise_sparqls.csv',
encoding='utf-8')

def main_2():
    f1=open('./data2022/new_bart_sparql_result.txt', 'r',
encoding='utf-8')
    f2=open('./data2022/bart_val2022_result.txt', 'r',
encoding='utf-8')
    f3=open('./data2022/验证集问题.txt', 'r', encoding='utf-8')
    f_s=pd.read_csv('./data2022/bart_revise_sparqls.csv',
encoding='utf-8')
    rf=open('./路径排序/data/revise/bart_dev_results.txt', 'r',
encoding='utf-8')
```

```
    rf2=open('./路径排序/data/revise/bart_dev_results_wrj.txt', 'r',
encoding='utf-8')
    sparqls=f1.readlines()
    print(len(sparqls))
    answers=f2.readlines()
    questions=f3.readlines()
    print(len(answers), len(questions))

    rfl=rf.readlines()
    rfl2=rf2.readlines()
    #获取预测的概率(即得分)
    revise_bert_score=[]
    for v1,v2 in zip(rfl, rfl2):
        b1, b2=v1.strip(), v2.strip()
        revise_bert_score.append((float(b1)+float(b2))/2)

    count, count_99=0, 0
    revise_answers=[]
    revise_answers_99=[]
    revise_sparqls=[]
    scores=[]
    revise_r_index=0
    for i in tqdm(range(len(questions))):
        question=questions[i].strip()
        sparql=sparqls[i].strip()
        answer=answers[i].strip()
        candidate_sparqls=eval(f_s['candidate_sparqls'][i])
        sorted_candidate_sparqls,sort_scores=
sort_path_by_bert(candidate_sparqls,revise_r_index,revise_bert_score)
        revise_r_index += len(candidate_sparqls)
        if len(answer)>0 and len(candidate_sparqls)!=0:
            print('error!!! ')
        elif len(answer)==0:
            res=[]
            for j in range(len(sorted_candidate_sparqls)):
                cur_sparql=sorted_candidate_sparqls[j]
                cur_sparql_score=sort_scores[j]
                if check_sql(cur_sparql):
                    res=get_answer(cur_sparql, mode=2)
                    if res and res!='error!':
                        revise_sparqls.append(cur_sparql)
                        break
            if res and res!='error!':
                scores.append(cur_sparql_score)
                revise_answers.append('\t'.join(res))
                count += 1
                if cur_sparql_score>=0.99:
                    print(question,cur_sparql,cur_sparql_score)
                    count_99 += 1
```

```
                revise_answers_99.append('\t'.join(res))
            else:
                print(question,cur_sparql,cur_sparql_score)
                revise_answers_99.append('')
        else:
            scores.append(0)
            revise_sparqls.append('')
            revise_answers.append('')
            revise_answers_99.append('')
    elif len(answer)>0:
        revise_sparqls.append(sparql)
        revise_answers.append(answer)
        revise_answers_99.append(answer)
        scores.append(0)
print('revise path num (>=0.99):', count_99)
print('revise path num:', count)
print('必须相等!',len(revise_bert_score),revise_r_index)
count=0

pd.DataFrame({'questions':questions, 'sparql':revise_sparqls, 'answers':revise_
answers,'scores':scores}).to_csv('./data2022/bart_revise_result.csv')
fo2=open('./data2022/bart_revise99_val2022_result.txt', 'w',
encoding='utf-8')
with open('./data2022/bart_revise_val2022_result.txt', 'w',
encoding='utf-8') as f:

    for i in range(len(revise_answers)):
        line=revise_answers[i].strip()
        if len(line):
            count += 1
        f.write(line+'\n')
    for i in range(len(revise_answers_99)):
        line=revise_answers_99[i].strip()
        fo2.write(line+'\n')
print('all path num: ',count)

def test():
    with open('./data2021/ccks2021_task13_valid_only_questions.txt','r',encoding=
'utf-8') as f_1:
        questions=f_1.readlines()

    with open('./data2021/join_gen_result.txt','r',encoding='utf-8') as f_2:
        sqls=f_2.readlines()

    with
open('./data2021/revise_val2021_answer_0.66106.txt','r',encoding='utf-8') as f_3:
        answers=f_3.readlines()
        count=0
        for i in range(len(answers)):
```

```
            if not answers[i].strip():
                #print(questions[i],':',sqls[i])
                pass
            else:
                count += 1
        print(count)

if __name__ == '__main__':
    # main_1()
    main_2()
    # test()
```

上述代码所在文件为 revise_ path_2022. py，用于对不能查询的 SPARQL 语句进行修正。

下面对实现的思路进行简单分析。

1）输入为 T5、UniLM、BART 这 3 个模型的验证集生成的不能进行查询的 SPARQL 语句以及原始查询问题，输出为 3 个模型修正后并可以查询的 SPARQL 语句。

2）将修正后的 SPARQL 语句进行排序、筛选，以得到最佳的 SPARQL 语句。

注意，代码中的两个主函数 main1( ) 和 main2( ) 来完成 SPARQL 语句修正过程。

3）main1( ) 函数的作用如下。

① 使用模型生成的 SPARQL 语句在知识图谱中查询答案。

② 使用自然语言问题的回答标记和模型生成的 SPARQL 语句在知识图谱中查询答案进行比对，验证模型生成的 SPARQL 是否完全正确。代码清单 9-5 是以 BART 模型的修正过程为例说明（UniLM 和 T5 模型与此类似）。

4）RDS、Redis_entity、Elesticsearch 分别对应了 3 个数据库。这些数据库中含有大量实体和实体间的对应关系。SPARQL 语句的修正主要是对 SPARQL 语句中的实体和关系的三元组进行修正。

① 如果实体存在，但实体不存在于数据库中，那么我们将根据实体与实体间的相似度来搜索数据库中与该实体最相似的实体作为候选实体。

② 如果实体存在，且相似实体同时出现在数据库中，那么对关系进行修正，修正的实现参见 relation_search 函数。对数据库中实体和实体之间的所有关系进行遍历，得到所有实体和关系的路径。

5）main2( ) 会对所有候选实体关系对进行排序，以筛选候选关系，sort_ path_by_bert 是排序函数。我们用 BERT 模型进行排序，并得到最终的排序得分和路径对应的 SPARQL 语句。后面就是对排序的路径进行筛选，筛选出所有排序得分大于 0.99 的路径和对应 SPARQL 语句的查询答案。以 BART 模型为例子，最后得到的路径以及 SPARQL 语句被存放在路径 data2022/bart_revise_result. csv 当中，最终得到可以查询的 SPARQL 语句，重新排序得到最优的 SPARQL 语句。

生成的 SPARQL 最优语句样例如下所示：

```
select ?y  where { <西湖风景名胜区(西湖)> <附近> ?cvt. ?cvt <实体名称> ?y. ?cvt <距离值> ?
distance. ?y <类型> <酒店>. } ORDER BY ASC(?distance) LIMIT 1
```

9.7 本章小结

本章介绍了语义解析的另一大主流技术路线 NL2SPARQL。NL2SPARQL 是基于知识图谱的智能问答系统的重要组成部分，解决这类问题的关键在于如何生成可查询正确答案的 SPARQL 语句。

为了解决这类问题，我们采用了 T5、BART、UniLM 模型与图数据库来生成 SPARQL 语句，并对生成的 SPARQL 语句进行路径（实体关系三元组）排序和打分。最终选择得分最高的路径所对应的 SPARQL 语句作为最终的 SPARQL 语句。

但是，模型有时会出现实体或关系的不全等问题，这时需要采用修正策略，确保模型生成的 SPARQL 语句一定能够查询到问题的正确答案。

NL2SPARQL 通过充分利用模型的生成能力和图数据库的查询能力，实现了对实体和关系的准确查询，从而可以为用户提供更加准确和高效的智能问答服务。

CHAPTER 10

第 10 章 预训练优化

近年来，机器从自然语言文本中理解并回答问题（QA）的能力得到了快速提升。这主要归功于诸如 BERT 这类大规模预训练语言模型（LM）的诞生。这些大模型通过自监督的训练方式，从海量的自然语言文本中学习到了句法和语义层面的知识，并且可以很方便地进行下游任务的“精调”。我们可以相对容易地将这类预训练模型应用到某些语义理解类的下游任务中。例如，对基于范围选取（Span Selection）的机器阅读理解来说，最好的做法就是在预训练模型的上层接入多个分类器（Classifier），对答案范围（Span）的起始和结束位置分别进行预测。

然而，除了基于非结构化文本的 QA 任务，包含表格等结构化数据的问答任务也是困难重重。主要原因在于，这些任务需要算法模型既能从大量的非结构化文本中学习到语言知识，又能利用表格等结构化数据的知识进行推理。解决问题的关键在于“如何让模型在推理过程中能够对结构化的数据库 Schema 进行理解并与用户的自然语言问句进行语义连接”。因此，如何借鉴 BERT 这类预训练模型方法，构建出基于表格和文本的“复合”预训练算法——表格预训练技术，是研究者当下关注的热点和难点。本章从经典自然语言处理领域预训练技术着手，依次介绍当前表格预训练技术的发展脉络，为相关研究者提供一份清晰的研究热点地图。

10.1 预训练技术的发展

近年来，预训练模型的发展受到了几个关键因素的影响，这使其在各种任务和应用中大放异彩。

首先，大规模数据的可用性成为预训练模型的关键因素。互联网爆炸式增长的数据量，如文本、图像和视频等，为大规模训练提供了条件。这些数据的存在不仅为模型提供了足够的语料库，还可以让模型从中学习复杂的语义结构，从而在后续的下游任务中具备更强的泛化能力。

其次，大规模并行计算的发展是预训练模型取得成功的又一关键因素。现代计算机的架构都支持高度的并行化，使得训练规模更大的预训练模型成为可能。这些模型的训练通常需要大量计算资源，如高性能计算集群或 GPU。与此同时，由于大规模训练需要处理海量数据，I/O 操作也成了瓶颈。因此，高效的 I/O 系统和优化的数据并行化策略是预训练模型训练过程中不可或缺的。

算法的发展也促进了预训练模型的提升。从最早的语言模型到 BERT、GPT-3、MAE、DALLE-E 和 ChatGPT 等变种模型，每一代模型都有着不同的创新点和应用场景。其中，加入 Transformer 机制使得模型能够更好地处理语义信息和长期依赖关系，从而增加了拓展性和有效性。另外，在模型的微调（fine-tuning）阶段，学习率调度和规范化方法的不断改进也促进了模型性能的提升。

预训练模型的发展是一个持续不断的过程，包括数据、计算和算法的不断优化。该领域的进一步发展将需要更多跨学科的合作和创新，以解决训练时间、效率、精度等关键问题，并将这一技术应用到更广泛的领域中。

预训练模型在自然语言处理（NLP）、计算机视觉（CV）和图像生成（GL）领域得到了广泛的研究与应用。预训练模型通过在大规模语料库中学习通用特征表示，再针对不同的下游任务进行微调，在文本分类、图像分类、对象检测、图形分类等任务中有着良好的表现。特别是在 NLP 领域，预训练模型具有独特的优势，因为它可以利用来自未标记的文本的训练数据，获得更好的语言模型，从而在文本的长期依赖、层次结构等关联信息方面具有更强的捕捉能力。早期的预训练方法是静态的，例如 NNLM 和 Word2vec，但这些静态方法难以适应不同的语义环境，因此动态预训练技术（如 BERT、XLNET 等）应运而生。预训练模型在 NLP 领域的广泛应用得益于它可以同时对单词的句法和语义表示进行建模，从而更好地捕捉多义词的表示上下文，并学习丰富的语法和语义推理知识，从而提高应用效果。预训练模型的主流模型架构以 Transformer 为代表，它使用了注意力机制将序列中任意两个单词位置之间的距离转化为一个常量，在预测更长的文本时能更好地捕捉间隔较长的语义关联，并且具有更好的并行性，可以利用分布式 GPU 进行并行训练，从而提高模型的训练效率。在 NLP 领域中，预训练模型的学习方法主要分为监督学习、半监督学习、弱监督学习、自监督学习和强化学习这 5 种，并且根据预训练任务可以分为掩码语言建模（MLM）、去噪自动编码器（DAE）、替换令牌检测（RTD）、下一句预测（NSP）和句子顺序预测（SOP）5 类。这些预训练任务可以帮助模型更好地掌握单词之间的相关性和上下文信息，从而在完成下游任务时表现出更好的性能。

下面结合掩码语言建模和去噪自动编码器演示如何在模型中进行预训练。

10.1.1　掩码语言建模

掩码语言建模是预训练模型中常用的一种预训练任务。在将文本输入模型之前，该方法随机掩盖掉文本中的某些单词，并让模型尝试预测这些掩盖的单词。这些掩盖的单词可以是随机选择的，也可以是基于一些规则选择的。例如 BERT 预训练中使用的掩盖单词的规则是在输入序列中随机选择 15%的单词，并将其中的 80%替换为特殊的掩盖标记［MASK］，10%替换为随机单词，另外 10%不进行处理。掩码语言建模的主要贡献在于，它可以让模型学习到单词之间更深入的联系，因为模型必须通过上下文信息来预测掩盖的单词。此外，这种掩盖单词的方式还可以防止模型过度关注输入序列中的一些固定模式，从而提高模型的泛化能力。掩码语言建模已经被广泛应用于各种预训练模型中，在多个 NLP 任务中都获得了显著的性能提升。

代码清单 10-1 是使用 Python 和 PyTorch 库实现掩码语言建模的简单示例。

代码清单 10-1　掩码语言建模

```
import torch
import torch.nn as nn
import torch.optim as optim
from torch.utils.data import DataLoader

# 创建一个词汇表
vocab = {'apple': 0, 'orange': 1, 'banana': 2, 'peach': 3}

# 创建训练数据集
data = [["I like to eat an apple and a banana for breakfast", [0, 4, 3,
7, 1, 2, 5, 6]],
        ["John doesn't like to eat oranges", [3, 9, 2, 5]],
        ["She bought some peaches from the market", [7, 8, 10, 11, 5]]]

# 定义模型参数
vocab_size = len(vocab)
embed_dim = 32
hidden_dim = 64
num_layers = 2

# 创建模型
class MaskedLM(nn.Module):
    def __init__(self, vocab_size, embed_dim, hidden_dim, num_layers):
        super().__init__()
        self.embedding = nn.Embedding(vocab_size, embed_dim)
        self.lstm = nn.LSTM(embed_dim, hidden_dim, num_layers,
batch_first = True)
        self.fc = nn.Linear(hidden_dim, vocab_size)

    def forward(self, x):
        x = self.embedding(x)
        output, (h_n, c_n) = self.lstm(x)
        output = self.fc(output)
        return output

model = MaskedLM(vocab_size, embed_dim, hidden_dim, num_layers)

# 定义损失函数和优化器
criterion = nn.CrossEntropyLoss()
optimizer = optim.Adam(model.parameters(), lr = 0.001)

# 定义训练函数
def train(model, data):
    model.train()
    loss_epoch = 0
    for sentence, targets in data:
        optimizer.zero_grad()
```

```
            input_ids = torch.LongTensor(targets[:-1]).unsqueeze(0)
            targets = torch.LongTensor(targets[1:])
            output = model(input_ids)
            loss = criterion(output.view(-1, vocab_size), targets)
            loss.backward()
            optimizer.step()
            loss_epoch += loss.item()
        loss_epoch = loss_epoch /len(data)
        return loss_epoch

# 进行训练
num_epochs = 10
for epoch in range(num_epochs):
    loss = train(model, data)
    print('Epoch [{}/{}], loss: {:.4f}'.format(epoch+1, num_epochs, loss))

# 测试模型
def test(model, sentence, vocab):
    model.eval()
    inputs = [vocab.get(word, -1) for word in sentence.split()]
    input_ids = [i if i!= -1 else vocab['apple'] for i in inputs]
    input_tensor = torch.LongTensor(input_ids).unsqueeze(0)
    output = model(input_tensor)
    _, predicted = torch.max(output, dim = 2)
    output_sentence = [list(vocab.keys())[list(vocab.values()).index(i)] for i in
    predicted.squeeze().tolist()]
    output_sentence = ' '.join(output_sentence)
    return output_sentence

# 示例测试
sentence = "I like to eat [MASK] and a banana for breakfast"
result = test(model, sentence, vocab)
print(result)
```

代码清单 10-1 中的模型使用 LSTM 对输入序列进行编码，并使用全连接层进行预测。在训练期间，我们将使用交叉熵损失函数和 Adam 优化器来训练模型，并在测试期间使用模型来预测掩盖的单词。

10.1.2 去噪自动编码器

预训练模型中的去噪自动编码器是一种可以学习有用特征的特殊类型的自动编码器。在去噪自动编码器中，输入数据被标记过噪声，以最小化重构数据时的误差。这种编码器的目标是从噪声数据中学会如何去除噪声，从而保留对输入数据的有用信息。

去噪自动编码器是通过训练网络从干扰数据中恢复隐含的其他特征，从而编码大量数据。这些编码可以用于函数逼近、降维、识别异常值，从而在端到端机器学习任务中发挥作用。去噪自动编码器能够在没有标签的情况下，从非常大的数据集和预训练模型中学习特征，并且可以在监督学习任务中提高准确性。

代码清单10-2是使用Python和PyTorch库实现去噪自动编码器的简单示例。

代码清单10-2 去噪自动编码器

```
import torch
import torch.nn as nn
import torch.optim as optim
from torch.utils.data import DataLoader

# 创建一个词汇表
vocab={'apple': 0, 'orange': 1, 'banana': 2, 'peach': 3}

# 创建训练数据集
data=["I like to eat an apple and a banana for breakfast",
        "John doesn't like to eat oranges",
        "She bought some peaches from the market"]

# 添加噪声
def add_noise(sentence, noise=0.1):
    words=sentence.split()
    for i in range(len(words)):
        if torch.rand(1).item() < noise:
            words[i]='[MASK]'
    return ''.join(words)

noisy_data=[add_noise(sentence, noise=0.1) for sentence in data]

# 转换数据为数字形式
def get_ids(sentence, vocab):
    return [vocab.get(word, -1) for word in sentence.split()]

data_ids=[get_ids(sentence, vocab) for sentence in noisy_data]

# 定义模型参数
vocab_size=len(vocab)
embed_dim=32
hidden_dim=16

# 创建模型
class DenoisingAutoEncoder(nn.Module):
    def __init__(self, vocab_size, embed_dim, hidden_dim):
        super().__init__()
        self.encoder=nn.Sequential(
            nn.Linear(vocab_size, hidden_dim),
            nn.ReLU(),
            nn.Linear(hidden_dim, embed_dim),
            nn.ReLU()
        )
```

```
        self.decoder=nn.Sequential(
            nn.Linear(embed_dim, hidden_dim),
            nn.ReLU(),
            nn.Linear(hidden_dim, vocab_size),
            nn.Softmax(dim=1)
        )

    def forward(self, x):
        x=self.encoder(x)
        x=self.decoder(x)
        return x

model=DenoisingAutoEncoder(vocab_size, embed_dim, hidden_dim)

# 定义损失函数和优化器
criterion=nn.MSELoss()
optimizer=optim.Adam(model.parameters(), lr=0.001)

# 定义训练函数
def train(model, data_ids):
    model.train()
    loss_epoch=0
    for input_ids in data_ids:
        optimizer.zero_grad()
        input_tensor=torch.zeros(vocab_size)
        input_tensor[input_ids]=1
        noisy_input_tensor=input_tensor + torch.randn(vocab_size) * 0.1
        output_tensor=model(noisy_input_tensor.unsqueeze(0))
        loss=criterion(output_tensor.squeeze(), input_tensor)
        loss.backward()
        optimizer.step()
        loss_epoch += loss.item()
    loss_epoch=loss_epoch /len(data_ids)
    return loss_epoch

# 进行训练
num_epochs=10
for epoch in range(num_epochs):
    loss=train(model, data_ids)
    print('Epoch [{}/{}], loss: {:.4f}'.format(epoch+1, num_epochs, loss))

# 测试模型
def test(model, sentence, vocab):
    model.eval()
    input_tensor=torch.zeros(vocab_size)
    input_ids=get_ids(sentence, vocab)
    input_tensor[input_ids]=1
    output_tensor=model(input_tensor.unsqueeze(0))
    _, predicted_ids=torch.max(output_tensor, dim=1)
```

```
    output_sentence = [list(vocab.keys())[list(vocab.values()).index(i)] for i in
    predicted_ids.tolist()]
    output_sentence = ''.join(output_sentence)
    return output_sentence

# 示例测试
sentence = "I like to eat [MASK] and a banana for breakfast"
result = test(model, sentence, vocab)
print(result)
```

在这个例子中，我们首先创建了一个带有一定噪声的数据集，并将其转换为数字形式。然后，我们创建了一个去噪自动编码器模型，并使用 MSE 损失函数和 Adam 优化器进行训练。在测试期间，我们使用模型对掩盖单词进行预测，并返回预测完成的句子。

10.2　定制预训练模型：TaBERT

BERT 预训练模型基于大量非结构化文本训练而来，如果直接应用在包含结构化数据的任务（例如语义解析）中，效果提升有限，这是因为 BERT 在预训练过程中并没有对结构化信息进行建模。以 NL2SQL 任务为例，表格数据库的 Schema 中，表名、列名、数据类型、列值等结构化信息对 NL2SQL 任务的完成至关重要。因此，有必要对 BERT 进行改进，以适应非结构化形式的数据任务。

TaBERT 架构的提出弥补了将 BERT 应用于结构化信息建模任务的缺陷。它结合自然语言描述和结构化表格数据理解的预训练方法，首次将预训练技术应用于 NL2SQL 任务。TaBERT 构建在 BERT 模型之上，通过将表格内容进行合理的“线性化”，适配基于 Transformer 架构的 BERT 模型，在加深通用自然语言理解的同时，利用了大量无标注的表格文本来挖掘其中的丰富结构化语义信息。

10.2.1　信息的联合表示

图 10-1 展示了 TaBERT 架构图，对于给定的自然语言描述 u 和表格 T，TaBERT 使用内容快照来进行结构化信息的“线性化”。具体的做法如下。

通过 n-gram 将问题分别与数据库中每列的列值进行匹配，每列选出与问题最相关的 K 个候选值，然后根据上述选出的列值，构建包含 K 个行的“合成行”，每一列都是从对应列选取 n-gram 覆盖率最高的一个值，作为合成行这一列的值。

内容快照主要是为了缩减表格信息，使模型输入数据针对自然语言描述进行合理的删减和聚焦，这样避免了大量的不相关计算工作。

10.2.2　预训练任务设计

TaBERT 针对非结构化文本和结构化表格分别设计了相应的无监督学习目标，分别完成针对非结构化文本的 MLM 任务以及针对表格信息的 MCP（Masked Column Prediction）与 CVR（Cell Value Recovery）任务。

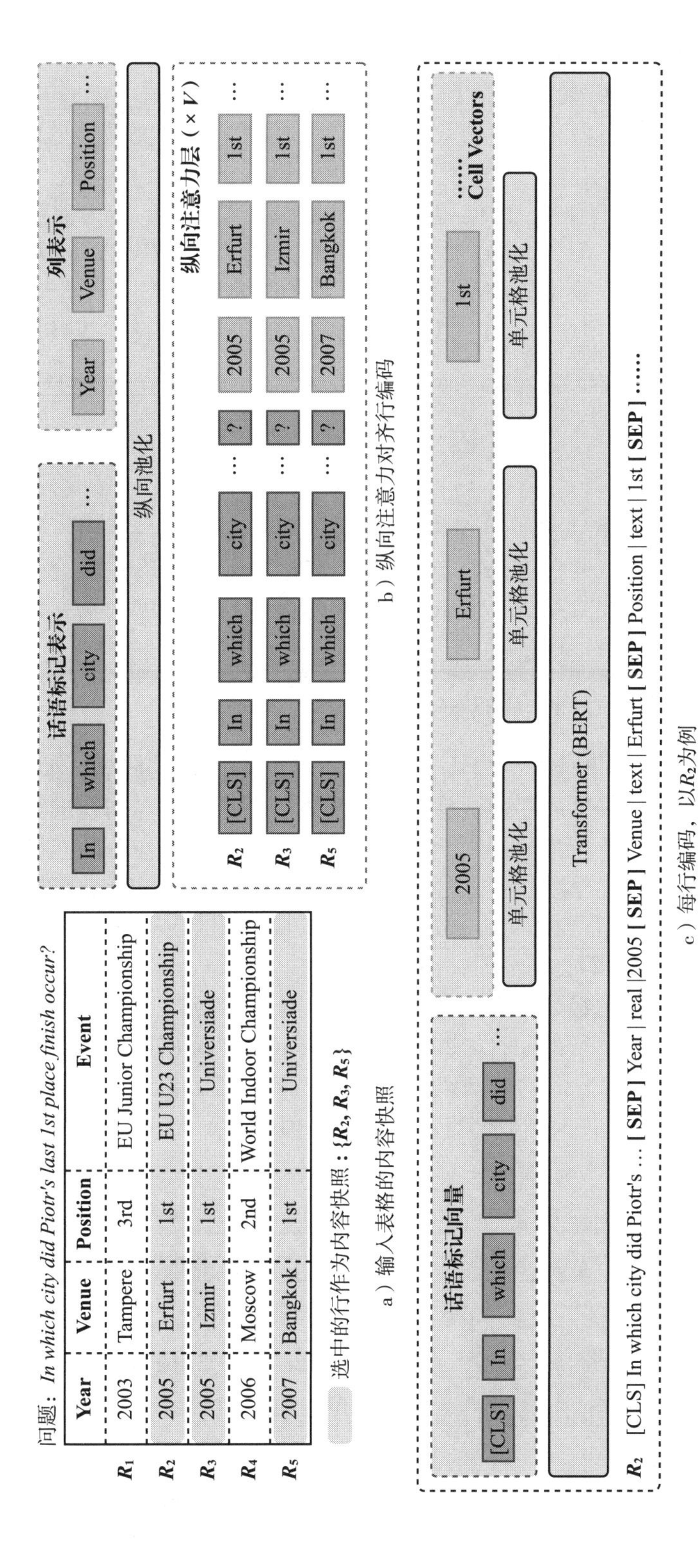

图 10-1　TaBERT 架构图

MLM 任务与 BERT 预训练模型中的掩码语言模型任务相同，都是用于对非结构化文本进行语言建模。针对表格设定的两个任务定义如下。

1）MCP：通过掩盖列名和对应的数据类型，使模型学习预测被掩盖列名和数据类型的能力。

2）CVR：通过掩盖单元值，使模型学习预测被掩盖单元值的能力。

上述两项任务均是建立在大量的表格训练数据之上，TaBERT 从英文维基百科与 WDC WebTable 语料库中收集了表格和表格的上下文作为训练数据，共包含大约 2600 万个表格和对应的上下文。相比 BERT，CVR 和 MCP 任务的加入使得 TABERT 在若干下游任务上的表现都有所提升。

10.3 TAPAS

与 TaBERT 不同，TAPAS 采用了表格问答形式的任务设计，从而不需要生成逻辑表达式。TAPAS 利用弱监督训练的方式，通过筛选表格单元和相应的聚合操作符来预测结果。与 TABERT 做法类似，TAPAS 对 BERT 的结构也进行了扩展：通过爬取维基百科的表格和文本片段进行相应的预训练。

10.3.1 附加 Embedding 编码表结构

TAPAS 模型除了基于 BERT 结构外，还添加了 Embedding 编码表，如图 10-2 所示。

1）表格结构被平铺成单词序列，将单词分割成子词元，并与问题进行连接。

2）模型增加两个分类器，分别用于单元格的选取和聚合操作符的选择。

数据在进入模型之前，代表单词信息的 Token 嵌入和代表位置信息的位置 Embedding 进行融合，同时设计了以下 Embedding（嵌入，即模型输出的表示）。

- Positon id：位置编码（同 BERT）。
- Segment id：将问题编码为 0，列编码为 1（同 BERT）。
- Column/Row id：列/行的 id，如果列/行的 Token 在问题中出现，则该列/行编码为 0。
- Rank id：处理来自数值的最高级问题。如果**单元格**值是数字，则此 Embedding 将对它们进行排序，并根据数字排名为其分配值。

TAPAS 模型输入的样例如图 10-2 所示。

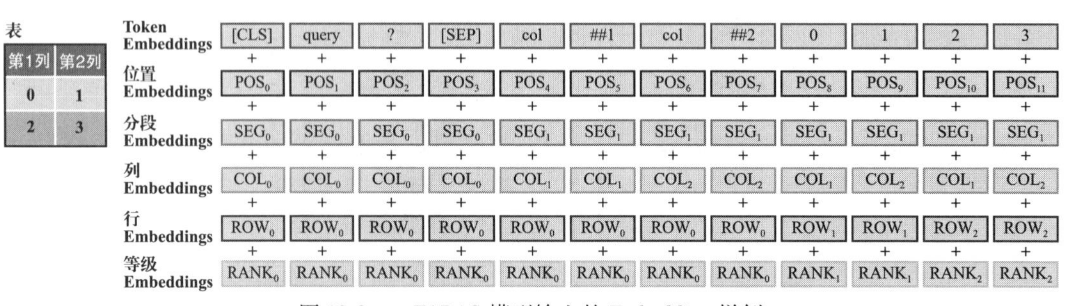

图 10-2　TAPAS 模型输入的 Embedding 样例

10.3.2 预训练任务设计

TAPAS 利用维基百科的 620 万个表格和相应的文本内容，在 BERT 模型的 MLM 任务之外，设计了可用于表格建模的预训练任务——单元格选取（Cell Selection）和聚合操作符预测（Aggregation Prediction）。

两个预训练任务的定义如下。

1）单元格选取：生成可能包含答案的表的子块，以及单元格被选取的概率。

2）聚合操作符预测：对可能的聚合操作进行预测。

在 WikiSQL 数据集上，上述两个预训练任务给 TAPAS 带来了显著的提升。

10.4 GRAPPA

GRAPPA 通过同步上下文无关语法，在表格上构建了 Question-SQL 对，然后通过预训练任务进行学习。GRAPPA 模型架构如图 10-3 所示。主要包含两个预训练任务：MLM 和 SSP（SQL Semantic Prediction）。

10.4.1 表格数据增强：解决数据稀疏难题

与其他预训练模型做法不同的是，GRAPPA 为表格量身定制的预训练任务 SSP，也是为数据增强而设计的。

通过同步上下文无关语法，GRAPPA 构建了大量的表格和 SQL 平行语料数据，数据增强步骤如下。

1）收集开源数据。

2）从已有的标注数据中抽取同步文法。给定 Spider 中的一组(x,y)，其中 x 和 y 分别是问题与 SQL 查询。首先，为表名、列名、单元格值、操作等定义一组变量。其次，在 SQL 查询中用变量替换实体/短语，生成一个 SQL 产生式规则β。

3）用相似的 SQL 产生式规则β对(x,y)进行分组。通过程序模板对 Spider 训练实例进行自动分组和统计，选择了大约 90 个常用的产生式规则。

4）随机选择 4 个相应的自然语言问题，用语法中的每个程序模板相应的非终端类型手动替换实体/短语，以创建自然语言模板 α。

5）将它们对齐以生成规则。

6）对新的表格进行采样。

7）利用同步文法在新表格的基础上生成新的(query,table,sql)数据。

如此进行数据增强，可以产生大量的(query,table,sql)平行语料，用于进行预训练任务学习。

10.4.2 预训练任务设计

GRAPPA 设计了两个预训练任务来进行非结构化文本和表格的语言建模学习。其中 MLM 采用和 BERT 相同的设计思想。

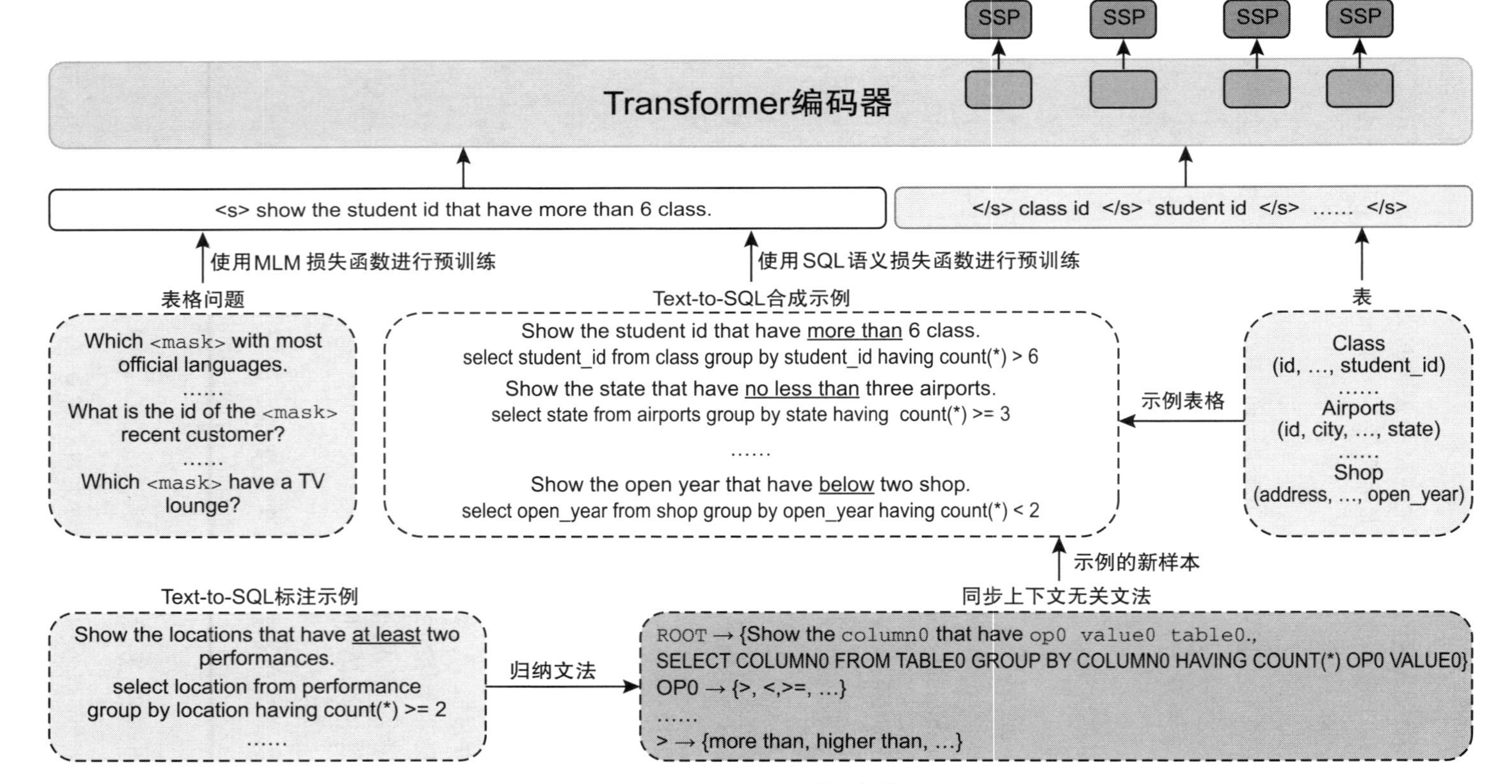

图 10-3 GRAPPA 模型架构

1）MLM：恢复被掩盖的 Token（对输入的问题和模式以 15%的概率进行掩盖）。

2）SSP：为因数据增强产生的数据增加一个预测列（是否出现在 SQL 查询中）以及对列进行的操作的任务。

值得一提的是，MLM 任务和 SSP 任务分别在原始数据和增强数据上进行训练，以防止增强数据对非结构化文本建模能力的可能影响。

GRAPPA 的表格建模能力使得它在多项 NL2SQL 下游任务中都能完胜 BERT 模型。

10.5　本章小结

预训练模型已经成为 NLP 领域的全新范式，它在几乎所有的下游任务中都展现出了强大的表现力和广泛的适用性。同时，为了更好地满足不同领域、不同任务的需求，研究者也开发了适用于特定下游任务的预训练模型，并通过实验验证了其有效性。

在 NL2SQL 领域，研究者研发了基于表格的预训练技术，如 TaBERT、TAPAS、GRAPPA 等，这些模型在语义解析、表格问答等任务中展现出了优异的性能。

然而，预训练模型的设计和研发仍然是 NLP 的前沿领域，需要不断探索和创新。在设计符合下游任务的预训练模型时，还存在着很大的提升空间。例如，可以通过引入更多的上下文信息，加强模型对表格和自然语言文本的理解与关联性建模。同时，还可以尝试将不同类型的预训练模型进行组合或融合，以进一步提高预训练模型的表现力和适用性。

CHAPTER 11

第11章 语义解析技术落地思考

前面各章主要介绍了不同的语义解析技术路线和针对不同数据集类型的实现手段。本章从实践角度出发，探讨如何将语义解析技术应用到实际项目中，并提供一些思考和建议。

首先，需要明确算法研发和项目落地的差别。算法研发主要考虑的是模型的准确性和效率，而项目落地除了要考虑准确性和效率外，还需要考虑实际应用场景和用户需求等因素。因此，在将语义解析技术应用到实际项目中时，需要根据具体情况进行调整和优化，以提高实际效果和用户体验。

其次，要考虑潜在的应用项目和落地场景。语义解析技术可以应用于许多领域，例如智能客服、搜索引擎、知识图谱等。在选择应用项目和落地场景时，需要考虑数据量、数据质量、数据结构等因素，并根据实际情况进行选择和定制。

最后，需要探讨如何用算法的技巧提升语义解析技术在实践项目中的效果。一方面，可以通过数据增强、模型融合、特征提取等方法对算法进行优化和改进，以提高准确性和效率。另一方面，可以结合业务场景和用户需求，进行算法参数的调整和优化，以提升算法在实际项目中的应用效果。

总之，将语义解析技术应用到实际项目中需要考虑多方面因素，需要结合实际情况进行综合思考和优化，以实现最佳的应用效果。

11.1 研究与落地的差别

技术研发应服务于产品落地，一项前沿技术从路线设定、投入研发，直至最终能落地实施，需要经历漫长的迭代周期和反复实践。作为开发人员或者研究者，如果能够理解技术研发与工程落地之间的联系与差别，将对他们的技术提升大有裨益。

与大多数 AI 研究领域的处境类似，NL2SQL 的技术研发和工程落地之间存在着需要跨越的几个“鸿沟”。

1. 数据库中表的组织形式差异

当前 NL2SQL 研究领域的数据集，即使是 Spider 这类复杂度较高的数据集，其数据库中表的组织形式也是较为单一的，这与实际生产环境中复杂多变（由于不同的业务属性不同导致）的表的组织形式大为不同。

图 11-1 以具体样例的形式直观地展示了这种差异性。

member_id	expenditure
001	20
002	30
003	40
004	50

a）消费情况表

member_id	Name	Sex	City
001	Alina	female	Wuhan
002	Yvonne	female	Wuhan
003	Cicero	male	Beijing
004	Charlie	male	Beijing

b）会员信息表

member_id	time
001	0. 5
002	1
003	0. 5
004	2

c）消费时长表

图 11-1　NL2SQL 前沿研究数据组织形式

图 11-1 展示了在前沿研究中数据库的组织形式，即一个数据库中的多张表通过外键关联，因此我们在处理用户的很多查询时，需要面对可能的跨表查询情形。

然而同样的数据内容在工业界的实际情况往往是图 11-2 所展现的形式，即多种类型的数据都被整合在一张表上，那么面对这两种情形，算法模型所需要面对的问题难度差异就会非常大了。例如，面对图 11-2 所示的工业数据场景，当用户查询“某个会员的消费情况”时，就不能简单地“选取”某一列的某个值了，而是需要针对具体的业务知识（“金额”“时长”等）进行一些“数学运算”（SUM、AVG 等）了。

member_id	Name	Sex	City	expenditure	time
001	Alina	female	Wuhan	5	0. 25
001	Alina	female	Wuhan	15	0. 25
002	Yvonne	female	Wuhan	30	1
003	Cicero	male	Beijing	40	0. 5
004	Charlie	male	Beijing	20	1
004	Charlie	male	Beijing	30	1

图 11-2　工业界 NL2SQL 数据组织形式

因此，在从前沿领域研究转向具体的业务场景实践时，应该全面地考虑系统设计的兼容性，兼顾不同的数据组织形式。

2. 模型的训练数据集分布差异

由于语义解析任务在垂直领域的标注数据的稀缺性，高质量标注数据的获取要么依赖“众包”，要么由开发者自己“创造”。因而，标注数据的分布与实际工业应用场景之间一般会有显著差异。这就导致为公开数据集而量身打造的算法模型无法直接应用于产业界。

相比前沿研究里常见的用户“查询记录”式的训练数据标注形式，工业场景里的真实用户查询往往并没有这么“直接”。也就是说，数据消费的方式具有显著的差异。在实际场景中，用户可能更希望看到“分布”“趋势”“排序”“同环比”等类型的查询结果。然而，这类形式的数据在公开的语义解析数据集中非常少见。

除此之外，NL2SQL 领域的前沿研究和工业落地实践之间还存在很多的其他差异，例如“列之间的复杂拓扑关系”“列之间的上下级关系”等，我们在针对具体业务设计NL2SQL 系统时，都需要进行考虑。

11.2 产品视角的考虑

做一个产品和设计一种算法确实是两种完全不同的事情，因为产品需要考虑的因素比算法要多得多。在 NL2SQL 领域进行产品化落地，需要从产品视角出发，考虑各种因素，才能设计出一款实用、易用、有效的产品。

首先，需要考虑产品的形式。在设计产品时，需要确定是采用对话式还是搜索式，单轮还是多轮等形式。这取决于产品的使用场景和用户需求，需要根据实际情况进行选择。

其次，需要考虑产品的类型。在设计产品时，需要确定是平台化产品还是垂直领域产品，产品类型是单域还是跨域等。这也取决于产品的应用场景和用户需求，需要根据实际情况进行选择。

另外，需要考虑如何让业务接入数据库的成本最小化，如何让用户知道如何正确提问等问题。这些都需要通过与客户的沟通来解决。

最后，需要考虑产品的功能。在设计产品时，需要确定产品是否仅限于“数据查询”，还是集“数据分析”“智能洞察”“报表展示”“推送”“预警”等功能于一体。这取决于产品的应用场景和用户需求，需要根据实际情况进行选择。

以上提出的问题只是一些参考，留待读者朋友在实践中深入思考和回答，这样才能设计出更加优秀的产品。

11.3 潜在的落地场景

1. 搜索式场景

传统的信息检索技术对文本内容的处理方式存在一定的局限性，特别是对文本中表格内容的处理。传统的信息检索技术会将表格内容当作普通文本来处理，这种处理方式无法充分利用表格数据的结构化信息，从而导致检索结果不准确和不完整。

NL2SQL 技术的运用可以克服这种局限性，赋能搜索引擎，让检索模型结合普通文本及表格类文本进行更智能、更聪明的检索。

相比传统的信息检索技术，NL2SQL 技术的运用可以带来多方面的好处。

首先，NL2SQL 技术可以提高检索的准确性和效率，利用表格数据中的结构化信息，可以更好地匹配用户的查询需求，从而返回更加准确和完整的检索结果。

其次，NL2SQL 技术可以提高用户的搜索体验，让用户更加方便、快捷地获取所需的信息。

最后，NL2SQL 技术还可以提高企业的数据管理和利用效率，从而为企业的业务决策和创新提供更加有力的支持。

因此，NL2SQL 技术的运用在信息检索领域具有巨大的潜力和应用价值，它可以让搜索引擎更加智能和高效，满足用户不断增长的信息需求，为用户和企业带来更大的价值与效益。

2. 对话式场景

智能客服机器人在 ToB 场景中的应用非常广泛，可以大大提高企业客户服务的效率和质量。目前，大多数客服机器人的功能都比较类似，主要包括 FAQ 匹配、闲聊匹配和基于任务的多轮对话等。然而，在实际应用中，许多企业的数据是以一种二维表形式保存在数据库中，这就需要客服机器人具备直接从数据库中提取信息进行问答的功能。

如果针对二维表配置 FAQ，则需要表格问答实现，但是这也会导致 FAQ 数量剧增。如果客户修改了其中某条记录，还需要去修改之前配置的 FAQ，不利于维护。NL2SQL 技术可以将自然语言查询转化为 SQL 查询语句，从而直接从数据库中提取信息实现问答的功能。这不仅可以减少 FAQ 数量，也可以提高问答的准确性和效率，更重要的是可以大大改善用户与数据库之间的交互方式，提高用户体验和满意度。企业可以更加智能地管理和利用自己的数据，提高客户服务的效率和质量，从而在市场竞争中获得更大的优势。

11.4　实践技巧

本节从常用的数据增强策略角度来介绍一些竞赛中可以用到的实践技巧。如今 NLP 领域普遍采用预训练+微调的范式，我们可使用预训练模型来增强表征这种比较直接而简单的方式进行模型强化，也可以通过数据库的数据进行有效增强。

11.4.1　数据增强在 NLP 领域的应用

本节介绍一些在 NLP 领域常用的数据增强技术。

（1）简单字词替换

通常在大部分 NLP 任务中，我们可以在不改变原句主旨的情况下对其中的一些字词进行“等效替换”，例如近义词词典替换。

（2）词向量替换

使用嵌入空间中相近的词嵌入表征进行替换。

（3）预训练模型表征替换

利用预训练模型的表征能力来替换原始词向量，通常能在下游的 NLP 任务中有更好的表现。这是因为模型在预训练过程中已经接受了大量的文本训练，其生成的向量嵌入表征能更好地反映词语之间的上下文关系和语义连贯性。

（4）TF-IDF 评分替换

一般而言，一篇文章中 TF-IDF 分数较低的词语所提供的信息量也较低，因此对 TF-IDF 打分较低的词语进行替换能够尽量降低对原句语义的影响，从而实现更优的数据增强策略。

（5）回译数据增强

回译数据增强是一种常见的数据增强技术，其主要思想是将源语言句子翻译成目标语言句子，再将翻译后的句子翻译回源语言，从而生成一个新的源语言句子。这个新的源语言句子可以用作训练数据集中的一个新样本，从而扩充训练用的数据集，提高模型的鲁棒性和泛化能力。

回译数据增强的主要优势在于可以有效地增加训练数据集的大小，从而避免过拟合，并提高模型的泛化能力。此外，回译数据增强还可以帮助模型更好地学习相似的语义和句式结构，从而提高模型在NLP任务（如文本分类、命名实体识别、情感分析等）中的准确性和效果。

在实际应用中，可以将回译数据增强与其他数据增强技术相结合，从而进一步提高模型的性能和泛化能力。

11.4.2 数据增强策略

在实际语义解析任务中，因标注数据的缺少，为一些复杂问句的解析增加了不少难度。

为了解决上述的问题，通常的做法是聚焦于如何对问句和数据库内容进行更好的建模，以及通过任务适配的预训练模型进行增强表征等。这些解决方案的核心思想是增强学习结构化数据和自然语言文本的联合表征的能力。

本小节介绍一种不同的数据增强思路——SQL查询生成（SQL Query Generation），核心思想是通过某种方式自动化生成噪声标注数据。该方法示意图如图11-3所示。

为了生成高质量的问题（SQL查询数据），该方法采用两步走的策略。

第一步，对于给定的数据库，使用ASTG（抽象句法语法树）来自动生成SQL语句。为了更好地匹配原始数据分布，生成的查询语句要能够覆盖原始数据80%以上的SQL模式。

第二步，设计一个启发式问句的生成模型来获取自然语言问句。

1. SQL语句生成

SQL语句作为一种程序语言，可以用树形结构来表示。因此可以设计一种覆盖大部分语法规则的ASTG来生成SQL语句。

持续生成和组合新的SQL模式，直到生成的SQL模式能覆盖80%以上的原始训练数据，这种方法能够产生很多训练集里并未出现的SQL模式，是一种十分有效的做法。

2. 启发式问句生成

通常，对于给定的SQL语句，特别是嵌套模式的复杂SQL，要想生成完全合乎SQL语义的自然语言问题是比较困难的。下面介绍的启发式问句生成模型可以更好地完成SQL查询到高质量的自然语言问句的生成。

如图11-3所示，观察改写后的SQL语句（每个样例的第二个SQL语句）和对应的自然语言问句，我们可以发现一些对应规律。例如，第一个样例的SQL查询语句可以分解为select语句和where语句。两个语句可以和自然语言问句中的两个语义片段一一对应起来。

启发式问句生成模型的工作主要分为3个阶段：SQL语句分解、SQL子句翻译和问句组合，以下是这3个阶段的详细描述。

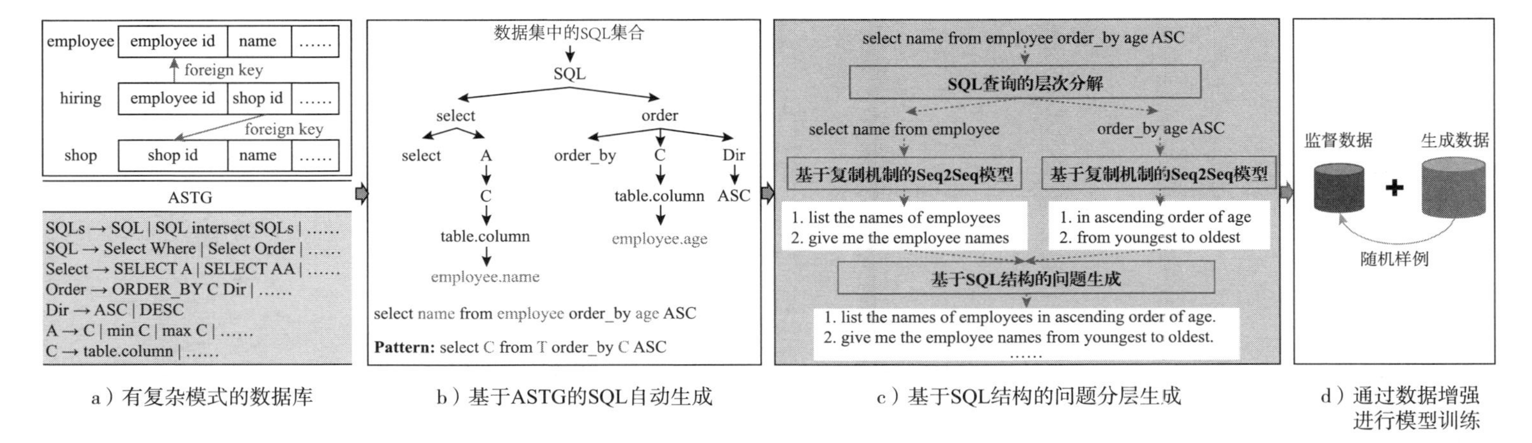

a）有复杂模式的数据库　b）基于ASTG的SQL自动生成　c）基于SQL结构的问题分层生成　d）通过数据增强进行模型训练

图 11-3　数据增强方法示意图

（1）SQL 语句分解

我们通过 SQL 关键字可以将 SQL 语句进行分解。通常，一个 SQL 语句只包含一个 SQL 关键字。图 11-4 中的第二个样例为嵌套 SQL 语句。将最外层的 where 子句和最内层的 select 子句组合到一起是比较合理的。图 11-4 中第 3 个样例中的 having 子句和 group by 子句是紧密联系在一起的，所以应该组合到一起，同样的规则对 limit 和 order by 子句也适用。

（2）SQL 子句翻译

相比原始复杂问句，由于分解后的子句具有比较简单的表述形式，因此使用 Seq2Seq 模型来将 SQL 子句翻译为自然语言子句是比较合适的。采用标准 Seq2Seq 模型即可。

（3）问句组合

将翻译后的自然语言子句进行组装是整个问句生成的最后一步。这里可以采用两种方式进行问句组合：① 按照 SQL 语句的原始顺序；② 按照 SQL 语句的执行顺序。实验表明，采用后者的效果略强于前者。

简单 SQL 查询与问题

select name from head where born_ state！ = 'California'

select head. name where head. born_ state ！ = 'California'

What are the names of the heads who are born outside the California state?

嵌套 SQL 查询与问题

select Name from Wine where Price >（select max（Price）from Wine where Year=2006）

SELECT Wine. Name WHERE Wine. Price >（SELECT max（Wine Price）WHERE Wine. Year=2006）

Give the names of wines with prices above any wine produced in 2006.

多 SQL 查询与问题

（select id FROM station WHERE city='San Francisco'）INTERSECT

（select station_id from status GROUP_BY station_id having avg（bikes_available）> 10）

（select station. id where station. city='San Francisco'）INTERSECT

（select status. station id group by status. station id having avg（status . bikes available）> 10）

What are the ids of stations that are located in San Francisco and have average bike availability above 10.

图 11-4 部分样例

11.4.3 方案创新点

总体来讲，算法的创新点如下。

1）迭代生成数据库名、表名、SQL 语句。由于数据集中表名以及列名较多，导致需要生成的 SQL 较为复杂，直接使用自然语言问题建模生成 SQL 语句较难收敛。因此将列名、表名约束放在模型输入中，从而生成的 SQL 语句中的列名、表名也需保存在输入中，解决了凭空生成列名和表名的困难，并提高了生成 SQL 的准确度。

2）生成带有掩码结构的 SQL 语句如果直接将表名、列名按照顺序进行拼接并作为输入，则模型会缺少泛化能力，无法正确生成新的表名、列名。因此，将输入中的表名和列名分别与符号绑定。例如输入为“问题+T：表 1+C1：列 1+C2：列 2”，输出为 select C2 from T，其中列名的位置可多次用随机生成的掩码替换，提高模型的泛化能力。

11.5　本章小结

对于语义解析技术的研究人员来说，理解研究与落地的差别是非常重要的。在实际应用中，技术的落地需要考虑许多实际问题，比如性能、稳定性、安全性等，需要进行一系列的优化和调整。只有深入地理解这些问题，才能让技术有效地服务于社会，满足用户的需求。

推荐阅读

深度实践OCR
基于深度学习的文字识别

OpenCV深度学习应用与性能优化实践

深度学习
卷积神经网络技术与实践

飞桨PaddlePaddle
深度学习实战

深度学习
与目标检测
工具、原理与算法
Deep
Learning
and
Object Detection
Tools, Principles and Algorithms

Keras
深度学习
入门、实战与进阶
Deep Learning
by Keras
From Novice to Expert